Gutachten

betreffend

Städtecanalisation und Verfahren für Abwässer-Reinigung.

Herausgegeben

von

Dr. Schmidtmann,

Geheimer Ober-Medicinal- und vortragender Rath im Königl. Preuss. Ministerium der geistlichen, Unterrichts- und Medicinal-Angelegenheiten.

Sonder-Abdruck aus der Vierteljahrsschrift für gerichtliche Medicin und öffentliches Sanitätswesen. 3. Folge. XIX. Band. 1900. Supplement-Heft.

Springer-Verlag Berlin Heidelberg GmbH
1900

ISBN 978-3-662-34280-0   ISBN 978-3-662-34551-1 (eBook)
DOI 10.1007/978-3-662-34551-1

Inhalt.

1.

Gutachten
der Wissenschaftlichen Deputation für das Medicinalwesen über den zulässigen Wärmegrad der in kanalisirten Orten abzuleitenden Fabrikwässer.

(Erster Referent: Herr **Rubner**.
(Zweiter Referent: Herr **Kirchner**.)

Ew. Excellenz haben der Wissenschaftlichen Deputation für das Medicinalwesen ein Ansuchen des Magistrats der Stadt N. um ein Gutachten, betreffend den Wärmegrad, welchen Fabrikabwässer ohne Beeinträchtigung der Interessen der öffentlichen Hygiene und insbesondere ohne die Gefahr einer die ordnungsmässige Functionirung störenden Schädigung der städtischen Kanäle besitzen dürfen, hochgeneigtest unterbreitet.

Veranlassung zu dieser Frage giebt die Absicht der Polizeiverwaltung zu N. eine Neuregelung der Grundstücksentwässerung nach den städtischen Kanälen herbeizuführen; diese in Aussicht genommene Polizeiverordnung enthält unter Anderem die Bestimmung, dass heisse Abwässer von gewerblichen Anlagen u. dgl. an dem Einlauf in den Untersuchungsbrunnen keine höhere Temperatur als 30° C. besitzen dürfen.

Wir beehren uns unser Gutachten wie folgt abzugeben:

Aus der Zuschrift des Magistrates ist zunächst nicht genau zu ersehen, was unter dem Ausdruck „Untersuchungsbrunnen" gemeint ist. Da in der Frage, welche der Wissenschaftlichen Deputation unterbreitet wird, dieser Ausdruck nicht wiederkehrt, sondern nur von dem Einleiten der Abwässer in die Kanäle gesprochen wird, darf wohl angenommen werden, dass auf der Temperatur bei dem Einströmen in den Kanal das Hauptgewicht liegt, oder dass diese als identisch mit der Temperatur des Untersuchungsbrunnens angesehen wird.

Das Bestreben, von den Kanälen Wasser von hoher Temperatur fern zu halten, ist ein durchaus berechtigtes.

Zunächst erfordert schon die Rücksicht auf die ordnungsgemässe Instandhaltung der Kanäle Verordnungen nach dieser Richtung. Von technischer Seite befürchtet man durch die Wärme der Abwässer eine Steigerung der lösenden Wirkung derselben auf die Binde- und Dichtungsmittel der Siele und Rohrleitungen. Ein derartiger Uebelstand kam namentlich durch die Beimengung von mancherlei Fabrikabwässern zu dem gewöhnlichen Sielwasser noch gesteigert werden.

Handelt es sich um heisse Abwässer, die periodisch dem Siel zugeführt werden, so kann der Wechsel von kalt und warm durch rein physikalische Vorgänge auf das Material und die Dichtigkeit des Sielnetzes schädlich wirken.

In manchen Fällen hat man eine bedeutende Erhöhung der Temperatur des Flusses, welchem warme Abwässer zugeführt werden, beobachtet; für die Elbe bei Magdeburg kann dieser Umstand wohl ganz ausser Betracht bleiben.

Aber mit Rücksicht auf das Kanalwasser und die Kanalluft bedarf die Zuleitung warmer Abwässer dringend einer gewissen Regelung. Beim Mischen von warmem Wasser mit dem kühlen Sielwasser findet ein sehr rasches Austreiben stinkender Gase aus dem letzteren statt. Dies wird sich besonders dann bemerkbar machen, wenn etwa die Schwemmthüren geschlossen sind und der Sielinhalt sich längere Zeit staut.

Auch an Sandfängen u. dgl., falls solche dem heissen Wasser zugänglich sind, kann eine störende Vermehrung des Kanalgeruchs auftreten. Eine directe Beschleunigung der Fäulniss ist durch die vermehrte Wärme im Sielwasser nicht zu erwarten, wohl aber an Stellen, wo Stagnation des Inhalts eintritt und an den von Sielwasser beschmutzten Wänden des Siels. Die Wärmung des Siels ist thunlichst zu unterdrücken, weil durch dieselbe der „Auftrieb“ der Kanalluft und die Bewegungsrichtung nach den Gebäuden oder nach der Strasse zu, falls freie Wege vorhanden sind, zunimmt. Programmmässig soll freilich nach den Wohn- und Nutzräumen hin durch Wasserverschlüsse der Zugang verlegt sein, erfahrungsgemäss trifft man aber doch manche Ausnahmen.

Die Ueberwärmung des Kanals wird endlich mit Rücksicht auf die bei der Sielreinigung beschäftigten Arbeiter zu verhüten sein. Einerseits kommt für diese die Verschlechterung der Sielluft durch die Austreibung der in dem kühlen Kanalwasser absorbirt gewesenen Gase in Betracht, andererseits ist zu erwägen, dass die Kanalluft fast ganz mit Wasserdampf gesättigt ist. Bei einer derartigen Atmosphäre kann man mechanische Arbeit, wie sie zur Reinigung der Kanäle nothwendig ist, nur leisten, wenn die Temperatur relativ niedrig bleibt. Temperaturen von 25° C. können unter solchen Umständen, auch bei gewöhnlicher Arbeitskleidung die körperliche Thätigkeit erschweren und unmöglich machen. Der regelmässige Betrieb der für die Function der Kanäle wichtigen Arbeiten wird durch zu hohe Temperatur im Kanal in Frage gestellt.

Die im vorstehenden gerügten Uebelstände machen sich nicht überall in gleichem Maasse geltend, auch wenn durch Verordnung derselbe Temperaturgrad für die Einleitung von warmen Fabrikwässern festgesetzt sein sollte. Locale Verhältnisse müssen hierbei in Erwägung gezogen werden, solche sind, das gegenseitige Verhältniss von Sielwasser und warmen Abgangswasser, die Menge des letzteren überhaupt, die Wegstrecke, auf welche sich das warme Wasser im Siel vorwärts bewegt, der Sommerbetrieb oder Winterbetrieb einer Fabrik u. s. w.

Es liegt also durchaus, wie wir schon betont haben, in hygienischem Interesse, die Temperatur der Sielwässer im Ganzen niedrig zu halten. Die meisten Verordnungen über den Anschluss von Fabrikabgangswässern an das Sielnetz normiren daher den Temperaturgrad des einzuleitenden Wassers.

Meistens wird über solche Anschlüsse von Fall zu Fall entschieden; reine Condenswässer leitet man am besten ohne die Kanalisation zu berühren, direkt nach dem Fluss.

Die in N. in Aussicht genommene Temperaturgrenze von 30° C. ist aber niedriger als dieselbe z. B. in Berlin normirt ist; in Berlin hat man an der Temperatur von 30° R. = 37,5° C. festgehalten, ohne die Interessen der Kanalpflege zu schädigen.

Im Uebrigen muss jedoch bemerkt werden, dass es nur erwünscht sein kann, wenn die Temperaturgrenze unter der oben genannten Höhe von 37° bleibt und dass es weiter bei den vielen Momenten, welche in diesen Fragen von Einfluss sein können, im Interesse der Verwaltung liegt, die Einleitung von warmen Abwässern, wie dies auch an anderen Orten geschieht, nur nach genauer Erwägung des speciellen Falles zu gestatten.

Berlin, den 11. Januar 1899.

Königliche Wissenschaftliche Deputation für das Medicinal-Wesen.

(Unterschriften.)

An den Herrn Staatsminister und Minister der geistlichen, Unterrichts- und Medicinalangelegenheiten Dr. Bosse, Excellenz.

———————

2.

Die Schmutzwasser-Reinigungsanlage
der Stadt Cassel.

Von

Höpfner,   und   Dr. **Paulmann,**
Stadtbaurath.   Vorstand des städt. Untersuchungsamtes.

Die im Jahre 1897 errichtete und im Frühjahr 1898 in Betrieb genommene Kläranlage für die die gesammten Fäkalien enthaltenden Schmutzwässer der Stadt Cassel bezweckt lediglich die mechanische Reinigung der Abwässer und diese erfolgt durch Verlangsamung der Geschwindigkeit in horizontalen Becken.

Die Anstalt liegt an der östlichen Gemarkungsgrenze der Stadt in fast unmittelbarer Nähe des linken Fuldaufers und die 5 Becken sind parallel zum Flusslaufe angeordnet worden, weil durch diese Anordnung eine etwaige Erweiterung sich am einfachsten, nämlich durch Angliederung weiterer Becken und Verlängerung der Zu- und Abflussleitung, ausführen lässt. Das vorhandene Gefälle gestattet es, den Klärbetrieb ohne Hebung des Wassers durchzuführen, während die Entleerung der Becken d. h. die Beseitigung der in denselben zurückgehaltenen Schmutzstoffe aller Art, in der Hauptsache auf maschinellem Wege erfolgt.

Die Becken haben bei 40 m Länge eine mittlere Breite von **4 m** und eine nutzbare Tiefe von im Mittel **3 m**; die Sohle derselben **fällt** in der Durchflussrichtung im Verhältniss von 1 : 100. Die Zuflussleitung ist 4 m, die Abflussleitung 2 m breit und beide sind überdeckt, da in ihnen verschiedene bewegliche, dem Einfrieren besonders ausgesetzte Theile liegen, während die Becken offen sind.

Die Anlage zeigt also im Grossen und Ganzen die bei den Reinigungsanstalten mit horizontalen Klärbecken übliche Anordnung;

sie unterscheidet sich indessen von anderen vorhandenen derartigen Anlagen dadurch, dass bei ihrer Planung und Ausführung angestrebt wurde, die Beseitigung aller zurückzuhaltenden Schmutzstoffe von einem einzigen Punkte aus bewirken zu können, damit die Betriebskosten möglichst eingeschränkt würden.

Die strenge Durchführung dieses Princips hat zu einer in manchen Stücken von anderen Anlagen abweichenden Constructions- und Betriebsart geführt und es dürfte desshalb vielleicht einiges Interesse bieten, über diese unterscheidenden Punkte kurz zu berichten.

Wie schon erwähnt, hat die Beckensohle in der Durchflussrichtung ein Gefälle von 1 : 100 erhalten und dementsprechend wurde auch als diejenige Stelle, von welcher aus die Beseitigung der in der Anlage zurückzuhaltenden Stoffe zu erfolgen hat, das untere, der Abflussleitung zunächst gelegene Ende der Becken angenommen und entsprechend ausgebildet.

Um alle Rückstände an diesen Punkt gelangen zu lassen, musste davon abgesehen werden, dieselben an anderen Stellen zurückzuhalten und es wurden daher weder Sandfänge, noch Rechen zum Aufhalten schwimmender Gegenstände, noch Eintauchplatten oder dergleichen eingebaut; auch wurde die Einlaufleitung, um in ihr Ablagerungen möglichst zu verhüten, von den Becken nicht wie dies z. B. in der Frankfurter Anlage der Fall, durch einen festen Wehrrücken getrennt, so dass also das Wasser nach seinem Eintritt in die Anlage dieselbe ohne jede Unterbrechung und Beunruhigung durch plötzliche Aenderungen des Durchflussprofiles in sich stetig vergrösserndem Querschnitte durchfliesst.

Da von vornherein nicht übersehen werden konnte, ob es thatsächlich möglich sein würde, alle vom Kanalwasser mitgeführten Stoffe, namentlich den Sand, in die Becken zu befördern und aus diesen von einem Punkte aus zu beseitigen, so wurde in die Einlaufleitung zwar ein Sandfang eingebaut, derselbe indessen mit Holzbohlen abgedeckt und es hat sich bis jetzt nicht als nothwendig herausgestellt, diesen Sandfang zu benutzen, sodass seiner Beseitigung durch Ausbetonirung Nichts im Wege steht.

Wie schon angedeutet, ist die Einlaufleitung von den Becken nicht durch einen festen Wehrrücken abgetrennt; das Profil der ersteren ist vielmehr so gestaltet, dass die Sohle mit kräftigem Gefälle nach letzterem abfällt und das Wasser demnach mit freiem Querschnitt in die Becken eintritt. Um die einzelnen Becken indessen

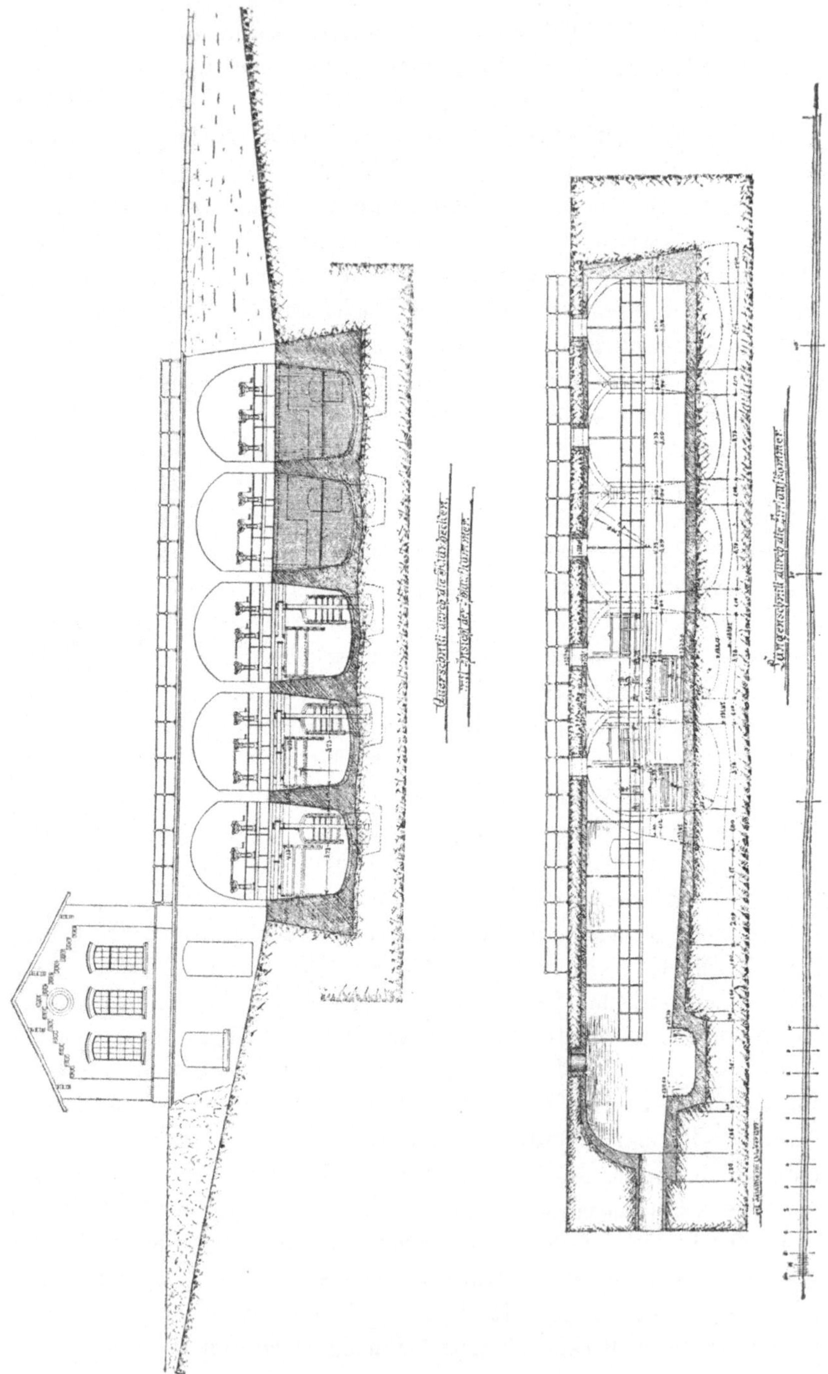
Querschnitt durch die Schiffsdecker.
mit Ansicht der Badekammer.
Längenschnitt durch die Schiffskammer.

beliebig aus- und einschalten zu können, sind sie mit Schiebern nach
der Einlaufleitung hin versehen worden und zwar wurden diese in
horizontalem Sinne getheilt, um eventuell, wenn es sich im Betriebe
als erforderlich herausstellen sollte, zwischen Einlaufleitung und Becken
eine feste Wand einschalten und so arbeiten zu können, wie beispiels-
weise in Frankfurt. Doch hat sich eine Veranlassung hierzu bisher
nicht ergeben.

In der Annahme, dass die vom Wasser mitgeführten leichten
Stoffe auf der Oberfläche der Becken schwimmen würden und um
deren Abgang nach der Abflussleitung zu verhindern, wurden am
unteren Ende der Becken vor dem den Ablauf bildenden Wehrrücken
in jedem derselben je 2 harfenartig gebildete Rechen aus 2—3 mm

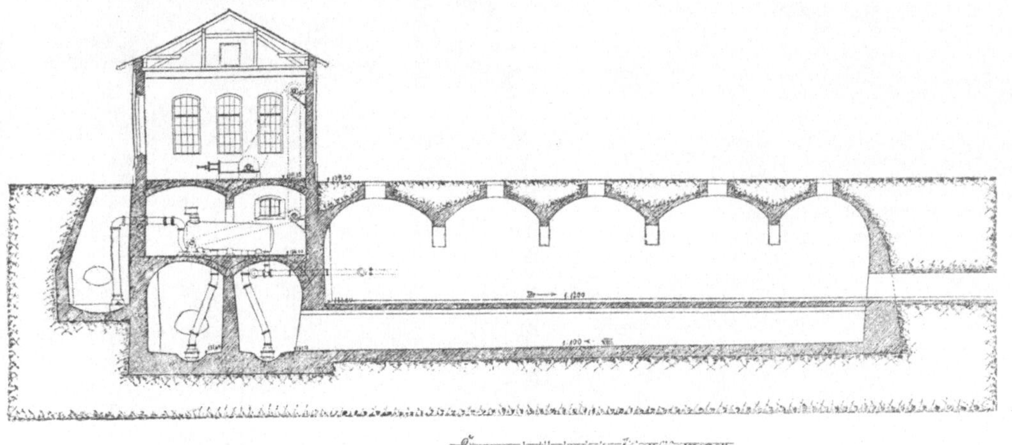

starken, 12—15 mm im Lichten von einander entfernten Drähten
hintereinander eingeschaltet, und zwar wurde der Anordnung parallel
gespannter Drähte vor derjenigen von Sieben der besseren Reinigungs-
möglichkeit wegen der Vorzug gegeben.

Es hat sich indessen beim Betriebe herausgestellt, dass derartige
leichte Körper, wie Papier, Apfelsinenschaalen, Korke u. s. w. auf
der Oberfläche überhaupt nicht schwimmen, sondern dass diese, von
den im Wasser enthaltenen Schmutzstoffen beschwert, schon innerhalb der Becken zu Boden sinken und dass die Harfen nur in ihren
untersten Theilen, mit denen sie direct in der im Becken sich bildenden Schlammschicht stehen, durch Zeugfetzen und dergleichen ver-
setzt werden, im übrigen Querschnitt aber fast ganz frei hiervon

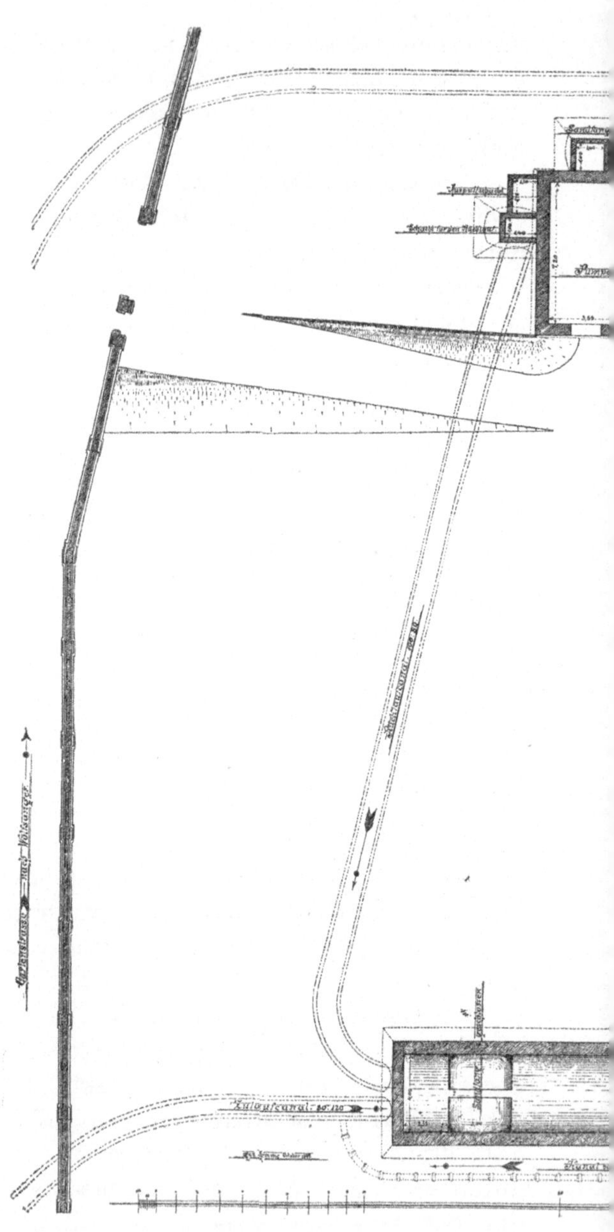

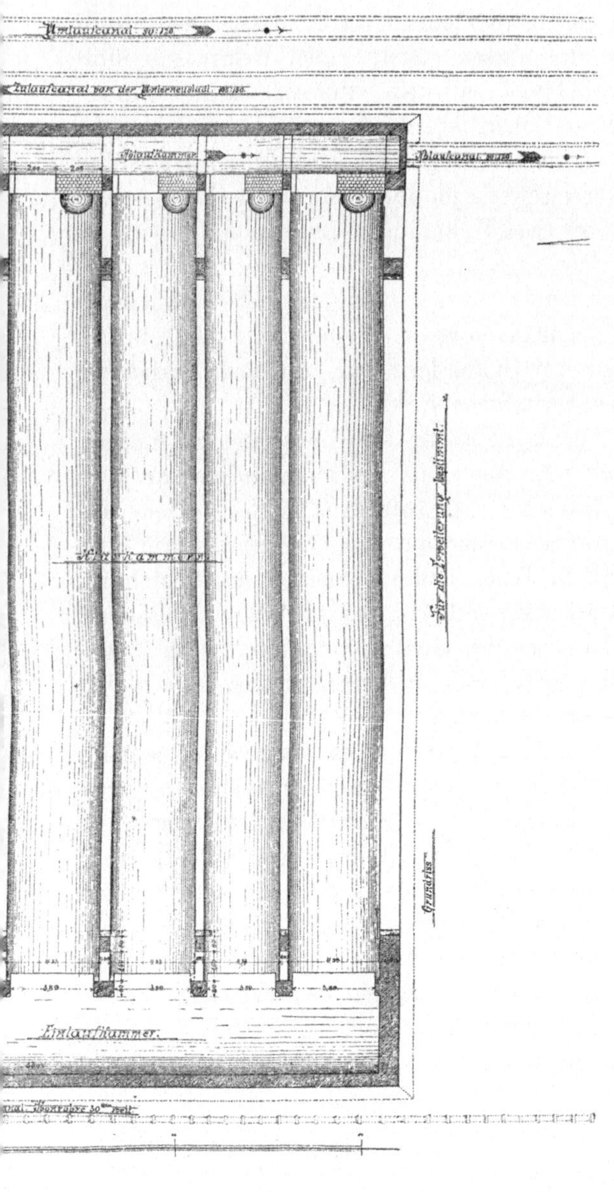

Umlaufcanal 50:120
Zulaufcanal von der Unterneustadt 100:150
Ablaufkammer
Ablaufcanal 50:120
Hochkammer
Grundriss.
Für die Erweiterung bestimmt.
Einlaufkammer.

sind. Dieser Erfolg, dass nämlich auch die leichten, schwimmbaren Stoffe mit zu Boden gerissen werden, dürfte in erster Linie darauf zurückzuführen sein, dass das Schmutzwasser nicht über einen Wehrrücken hinweg, sondern im freien Querschnitt aus der Einlaufleitung in die Becken eintritt, wodurch vermieden wird, dass diese Stoffe durch die beim Uebertritt des Wassers über einen Wehrrücken sich bildende grössere Geschwindigkeit mit an die Oberfläche emporgerissen werden und dann auf dieser abschwimmen. Auch ist wohl nicht zu bezweifeln, dass die Ausnutzung der Beckenquerschnitte für den Reinigungseffect bei der hier vorliegenden Anordnung eine bessere ist, als wenn das Wasser über einen Wehrrücken hinweg in die Becken gelangt.

Der Abfluss bietet insofern Interesse, als der Ueberlaufrücken, über welchen hinweg das gereinigte Wasser in den zur Fulda führenden Abflusscanal fällt, nur zur Hälfte fest ist, zur anderen Hälfte aber aus einem nach unten beweglichen Schieber besteht.

Der Grund für diese Anordnung ist in dem Bestreben zu finden, klares Wasser, welches sich nach Ausschaltung eines Beckens an der Oberfläche bildet, durch das natürliche Gefälle dem Recipienten zuzuführen und so die mechanische Förderung möglichst einzuschränken und ein Mittel in der Hand zu haben, durch Senken des Schiebers das für den Betrieb der Kläranlagen verfügbare Gefälle zu vergrössern, wenn sich das durch Verstopfung der Harfen oder dergleichen etwa als nothwendig herausstellen sollte, was indessen bisher noch nicht der Fall gewesen ist.

Die von oben nach unten gehende Bewegung der Schieber wurde gewählt, um das Wasser mit freier Oberfläche zum Abfluss zu bringen, da ein Abfliessen unter Druck zweifellos eine stärkere Bewegung und hiermit in Verbindung eine Trübung des abgeklärten Wassers zur Folge haben müsste. Im normalen Betriebe sind also die Schieber, welche die Becken von der Einlaufleitung trennen, vollständig geöffnet, diejenigen, welche die Becken von der Abflussleitung trennen, geschlossen und die Harfen vor dem Ablaufrücken eingesetzt. Die Anlage arbeitet in diesem Zustande völlig selbstthätig, ohne dass es einer besonderen Ueberwachung derselben oder irgend welcher Arbeitsleistung bedürfte.

Ist nun ein Becken lange genug im Betriebe, um gereinigt werden zu müssen, was etwa nach 8—10tägiger Benutzung der Fall ist und durch Beobachtung der Oberfläche — Aufsteigen von Gasblasen,

Schlammkuchen etc. — erkannt wird, so wird die Reinigung in folgender Art und Weise vollzogen, wobei sich die Beweglichkeit der Trennungen zwischen den Becken und der Zu- und Ablaufleitung als ausserordentlich vortheilhaft erwiesen hat:

Das zu reinigende Becken wird durch Schliessen des dasselbe von der Einlaufleitung trennenden Schiebers ausgeschaltet und zunächst einige Zeit sich selbst überlassen. In dieser Zeit bildet sich an der Oberfläche eine Schicht klares Wasser, das durch langsames Senken des im Ablauf befindlichen Schiebers der Abflussleitung zugeführt wird. Diese Manipulation wird eingestellt, sobald das Wasser nicht mehr dieselbe Klarheit zeigt, wie das aus den im Betriebe befindlichen übrigen Becken abfliessende. Die alsdann an der Oberfläche befindliche zweite Schicht ist zwar zu stark verunreinigt, um in den Fluss geschickt zu werden, enthält aber doch noch einen zu hohen Procentsatz von Wasser, als dass es zweckmässig sein würde, sie auf die Schlammlager zu befördern. Sie wird daher mittelst einer in der Stirnwand des Beckens befindlichen, sich ebenfalls von oben nach unten bewegenden Schiebervorrichtung in den unter der Ablaufleitung liegenden Canal geleitet, der, in umgekehrter Richtung wie diese fallend, das stark verunreinigte Wasser dieser Schicht nach dem Pumpenschacht befördert, aus welchem es mittelst Centrifugalpumpe in einen hochliegenden Canal gehoben wird und durch diesen wird es endlich zur nochmaligen Reinigung in die Einlaufleitung zurückgeführt.

Ist diese Schicht abgepumpt, während welches Vorganges die Harfen an ihrer Stelle bleiben, um schwimmende Gegenstände von den Pumpen fern zu halten, so werden dieselben entfernt und gereinigt und die Beseitigung der Klärrückstände, des Schlammes, beginnt. Hierfür ist nicht eine Pumpenanlage, sondern ein Vacuumapparat mit weiten Rohrquerschnitten vorgesehen worden, da bei einem solchen Verstopfungen weit weniger zu befürchten sind, als bei Pumpen. Der 4 cbm enthaltende Vacuumkessel wird durch eine Luftpumpe evacuirt und der angesaugte Schlamm durch die alsdann auf Druck arbeitende Luftpumpe nach den Schlammlagern gedrückt, ein Verfahren, das bisher in jeder Hinsicht einwandsfrei functionirt hat.

Die vom Wasser mitgeführten, aus dem Becken zu beseitigenden Schmutzstoffe aller Art, die ja immer noch mit rot. 90 pCt. Wasser vermischt sind, gleiten auf der 1 : 100 fallenden Beckensohle nach dem Sumpf, in welchem der Saugkopf des Vacuumapparates steht, hinab und die einzigen Handleistungen, die bei dem Reinigungsvorgang, der etwa 4 Stunden in Anspruch nimmt, erforderlich sind, bestehen in dem Heben und Senken der Schieber, in dem Ziehen und Wiedereinsetzen der Harfen und in einer geringen Nachhülfe, die bei dem Abfliessen des Schlammes nach dem Sumpfe hin zu leisten ist.

Stellt es sich nun heraus, dass sich auch in der Zulaufleitung Ablagerungen gebildet haben und beseitigt werden müssen, so geschieht das ohne jede Handarbeit ausser dem Schliessen und Oeffnen von Schiebern in folgender Weise:

Nachdem das in der Reinigung begriffene Becken entleert worden ist, werden die Schieber der 4 im Betriebe befindlichen Becken und der Schieber des Hauptkanales gleichzeitig geschlossen, wodurch das Wasser also in letzterem aufgestaut wird, während die Becken ausser Wirksamkeit treten. Dann wird das in der Reinigung befindliche, jetzt also leere Becken nach der Zulaufleitung hin geöffnet und nimmt das in letzterem zurückgebliebene Schmutzwasser auf, so dass diese jetzt bis auf die Ablagerungen entleert ist.

Nun wird dem Kanalwasser durch Oeffnen des Schiebers im Hauptkanal der Zutritt in die Anlage wieder gestattet und der hierdurch entstehende starke Spülstrom wäscht die Einlaufleitung vollständig rein. Sollte ja einmal an irgend einer Stelle noch eine Ablagerung zurückbleiben, so wird der Schieber des dieser Stelle zunächst liegenden Beckens gelüftet. Sofort strömt das Wasser unter starkem Druck aus dem Becken nach der Zulaufleitung und räumt die Ablagerung unfehlbar hinweg und zwar vollzieht sich dieser ganze Reinigungsvorgang so rasch, dass keine schädlichen Anstauungen im Canalnetz entstehen können.

Ist so die Zulaufleitung völlig blank, so wird das in der Reinigung befindliche Becken wieder geschlossen und die übrigen werden geöffnet. Der Betrieb ist also wieder eingeleitet und der aus der Einlaufleitung entfernte Rückstand wird aus dem Becken in der geschilderten Weise beseitigt.

Ist die Entleerung und Reinigung des Beckens vollendet und soll dasselbe wieder in Betrieb genommen werden, so empfiehlt es sich, nicht einfach den Zulaufschieber zu öffnen und das Schmutzwasser in dasselbe eintreten zu lassen, da in diesem Falle das Schmutzwasser mit grosser Gewalt in das leere Becken stürzt, dasselbe rasch füllt und nur ganz ungenügend gereinigt wieder verlässt und erst nach längerer Zeit wieder eine normale Klärwirkung eintritt. Um diesen

Uebelstand zu vermeiden, hat es sich als zweckmässig erwiesen, das gereinigte Becken zunächst mit geklärtem Wasser anzufüllen und erst nachdem dies geschehen, das Schmutzwasser durch Heben des Abschlussschiebers an der Einlaufleitung in dasselbe eintreten zu lassen, wodurch der Klärbetrieb sogleich im Beharrungszustande aufgenommen und das gewünschte Ergebniss erreicht wird.

Das Füllen des Beckens mit gereinigtem Wasser geschieht in der einfachsten Weise dadurch, dass der in dem nach der Fulda führenden Abflusskanal eingebaute Schieber geschlossen, der im Ueberlaufwehr vorhandene Schieber aber geöffnet wird. Das von den 4 in Betrieb befindlichen Becken gelieferte gereinigte Wasser wird jetzt also nicht mehr durch den Abflusskanal nach dem Flusse, sondern durch die Lücke in dem Wehrrücken rückwärts in das leere Becken fliessen. Dass man hierdurch ein bequemes Mittel an der Hand hat, die die Kläranlagen passirenden Wassermengen und die Durchflussgeschwindigkeiten zeitweise mit hinreichender Genauigkeit zu messen, ist ein sich aus der Beweglichkeit der ganzen Anlage ergebender weiterer Vortheil, der nicht unerwähnt bleiben mag.

So hat sich mit der Zeit eine sehr einfache Art des Betriebes der Anlage herausgebildet und es ist möglich, denselben, neben dem Betriebe der noch zu erwähnenden Schlammbecken, mit einem Maschinisten und 4—5 Arbeitern bequem zu bewältigen.

An dieser Stelle sei noch erwähnt, dass die Anlage mit alleiniger Ausnahme des Maschinenhauses aus Stampfbeton von der Firma Liebold & Comp. in Holzminden hergestellt und die maschinelle Einrichtung von der hiesigen Firma Beck & Henkel geliefert worden ist und dass zum Betriebe der Reinigungsmaschinen ein 12 pferdiger Deutzer Gasmotor dient.

Die bei dem Betriebe angestellten Beobachtungen haben ergeben, dass die Anlage von Wassermengen durchflossen wird, die im Minimum 94 secl., im Maximum 377 secl. betragen, während der Durchschnitt aus 44 Beobachtungen eine Durchflussmenge von 188 secl. ergeben hat. Nimmt man an, dass als wirksamer Beckenquerschnitt 9 qm, d. h. der Querschnitt bis zur Unterkante der Zulauföffnung nach dem zum Pumpenschacht führenden Canal, zu rechnen ist, so ergeben sich die Geschwindigkeiten:

	im Minimum	im Maximum	im Mittel
wenn 4 Becken im Betriebe sind zu	2,6 mm	10,5 mm	5,2 mm
wenn 5 Becken im Betriebe sind zu	2,1 mm	8,5 mm	4,2 mm

und es zeigt sich, wenn man annimmt, dass 94 secl. den Trocken-
wetterzufluss darstellen, dass die Schumtzwässer der Anlage in mindestens 4 facher Verdünnung zugeführt werden. Der Aufenthalt des
Wassers in den Becken schwankt demnach in runden Zahlen zwischen
1 und 5 Stunden.

Hierbei ist zu bemerken, dass die rechts der Fulda gelegenen
Stadttheile bis jetzt noch nicht an die Kläranlage angeschlossen sind
und dass hierdurch eine Steigerung um etwa 10 pCt. eiutreten wird.

Das Ergebniss der Schmutzwasserreinigung besteht nun äusser-
lich betrachtet darin, dass das in die Anlage eintretende mit
Schmutzstoffen aller Art, auch mit Fäkalien beladene Canalwasser
dieselbe in klarem bis schwach getrübtem Zustande verlässt und Ablagerungen in der Fulda, namentlich hinter dem wenige Kilometer
unterhalb gelegene Nadelwehr nicht bemerkt werden.

Das in drei Hauptcanälen gesammelte Schmutzwasser vereinigt
sich in einer Entfernung von 1 km vor der Kläranlage in einem
Hauptsammelcanale und strömt mit ziemlichem Gefälle der Einlaufkammer zu.

Der Geruch in diesem abgedeckten Theile der Anlage ist nur
sehr schwach fäkalartig, wie in jedem Schwemmcanale. Von schwimmenden Gegenständen ist so gut wie nichts zu bemerken und es
fehlen selbst die sonst reichlich auftretenden Papierfetzen, Apfelsinenschaalen etc.

Es dürfte diese Erscheinung zum Theil auf das starke Gefälle
des Hauptsammelcanals, wie auch auf die hierdurch bewirkte starke
Reibung und Vermischung zurückzuführen sein.

Die Oberfläche der Klärbecken ist ebenfalls meist vollkommen
blank, ohne dass Schwebestoffe auf mechanischem Wege zurückgehalten oder entfernt werden, wie aus der vorstehenden Beschreibung
der Anlage und des Betriebes hervorgeht. Erst dann, wenn die
Becken zu lange gestanden haben, also etwa nach 8—10 Tagen,
steigen in Folge der fauligen Gährung Schlammkuchen an die Oberfläche, welche dann durch einfaches Zertrümmern wieder zum Unter-
tauchen gebracht werden können, falls die Reinigung nicht sofort vorgenommen wird.

Das ablaufende Wasser zeigt eine schwache Trübung und ist
farblos resp. gelblich, schwach röthlich und bläulich gefärbt. In
Folge dieser Färbung ist naturgemäss auch der Einfluss des Canalwassers in die klare, grünliche Fulda deutlich sichtbar.

Die Färbungen sind auf Beimengungen von **Harn, Blut** und industriellen Abwässern zurückzuführen.

Auch bei den Becken, wie über dem Ablaufkanale kann von einer Geruchsbelästigung nicht die Rede sein, da man für gewöhnlich überhaupt nichts riecht und nur bei hohem Dunstdrucke ein sehr schwacher dumpfer Geruch auftritt.

Zur Feststellung des Reinigungseffectes wurde das ungeklärte Schmutzwasser theils in der Einlaufkammer, theils in einem der fünf Becken, das geklärte Wasser hingegen im Ablaufcanal resp. beim Ueberfall der einzelnen Becken entnommen.

Die Untersuchungen erstreckten sich auf die Feststellung von Chlor, Schwefelsäure, Schwebestoffe, Ammoniak, Gesammtstickstoff, Trockenrückstand, Glührückstand, Glühverlust, Sauerstoffverbrauch bei der Oxydation in alkalischer und saurer Lösung.

Das Chlor wurde nach Zusatz von wenig Bleiacetat im Filtrat durch $^1/_{10}$ N-Silberlösung bestimmt.

> Sauerstoffverbrauch in saurer und alkalischer Lösung,
> Ammoniak Destillation mit Magnesia,
> Gesammt-Stickstoff nach Kjeldahl unter Zusatz von Kupferoxyd (Ulsch).
> Schwefelsäure wie gewöhnlich,
> Trockenrückstand desgl. bei 100º C;
> Glührückstand desgl.,
> Glühverlust desgl.,

Um die wechselnde Zusammensetzung des Schmutzwassers kennen zu lernen, wurden stündlich Proben entnommen und einzeln analysirt. Diese Entnahme fand einmal bei anhaltender Trockenheit, ein anderes Mal bei schwachem Landregen und dann bei starkem Landregen statt. Ferner wurden bei wechselnder Witterung an 15 aufeinanderfolgenden Tagen Proben entnommen und untersucht.

Auf mgr im Liter berechnet fanden sich im Durchschnitt:

	Schwebe-stoffe mg i. L.	Schwefel-säure mg i.L.	Chlor mg i.L.	Ammo-niak mg i. L.	Härte mg i.L.
Bei anhaltender Trockenheit	17000,0	142,6	125,9	180,0	12,9º
Bei schwachem Landregen	457,1	132,4	110,2	52,20	13,0º
Bei starkem Landregen	212,5	116,3	66,60	41,05	12,9º
Im Durchschnitt von 15 Bestimmungen	8545,0	130,0	112,10	138,40	12,8º

Ein Vergleich nachstehender Curven zeigt deutlich in den einzelnen Stunden ein fast gleichmässiges stärkeres oder schwächeres Anschwellen und Sinken des Verunreinigungsgrades.

Der Reinigungseffect des Schmutzwassers beim Passiren der Becken wurde an zwei Versuchsreihen nach verschiedener Methode nachgewiesen.

Bei der ersten Versuchsreihe wurden stets bestimmte Mengen von Schmutzwasser resp. geklärtem Schmutzwasser in Nickelschaalen eingedampft, bei 100° getrocknet und gewogen. Dieser Gesammtrückstand wurde dann geglüht und die zurückbleibenden Mineralstoffe wieder gewogen. Die Differenz giebt den Gehalt an organischer Substanz und Kohlendioxyd an.

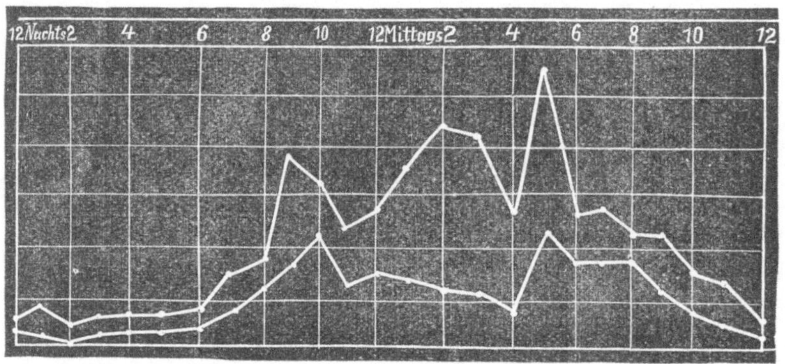

Die Entnahme des Schmutzwassers fand fortlaufend nach und nach von Morgens um 6 Uhr bis Nachmittags um 2 Uhr statt. Die Entnahme des geklärten Schmutzwassers fand $2-3^1/_2-4^1/_2$ Stunde später statt, wenn das Schmutzwasser, von dem ein Theil zur Untersuchung entnommen war, die Anlage passirt haben musste. Die Geschwindigkeit des Wassers in dem Becken wurde aus der Menge und Geschwindigkeit des zufliessenden Schmutzwassers annnähernd berechnet.

	Schmutzwasser mg i. L.	geklärtes Schmutzwasser mg i. L.
Gesammt-Rückstand	2300—33000	930—2440
Differenz	46,12 pCt.—96,37 pCt.	
im Mittel	79,94 pCt.	
Organische Substanz und Kohlensäure	660—22420	370—2112
Differenz	30,31 pCt.—97,33 pCt.	
im Mittel	77,53 pCt.	

	Schmutzwasser mg i. L.	geklärtes Schmutzwasser mg i. L.
Mineralstoffe	790—10580	230—1156
Differenz	18,08 pCt. — 96,32 pCt.	
im Mittel	72,56 pCt.	

Bei einem Vergleiche der gefunden Werthe, von denen die vier äussersten nachstehend verzeichnet sind,

	I.	II.	III.	IV.
Gesammtrückstand vor der Klärung	2300	4120	22840	33000
„ nach „ „	978	2220	1140	1200
Verlust	57,48 pCt.	46,12 pCt.	95,01 pCt.	96,37 pCt.
Organ - Substanz vor der Klärung	660	3351	18710	22420
„ nach „ „	460	1590	500	810
Verlust	30,31 pCt.	52,55 pCt.	97,33 pCt.	96,39 pCt.
Mineralstoff . . vor der Klärung	1534	769	4130	10580
„ nach „. „	538	630	640	390
Verlust	64,93 pCt.	18,08 pCt.	84,51 pCt.	96,32 pCt.

findet man, dass der höchste Reinigungseffect bei concentrirtem Schmutzwasser auftritt, hingegen bei stärkerer Verdünnung entsprechend vermindert wird, da infolge des Durchganges grösserer Wassermengen eine bedeutend höhere Geschwindigkeit auftritt, die das Niedergehen der leichteren Stoffe verhindert und einer reichlicheren Abscheidung der Kalksalze im Wege steht. Es findet sich deshalb auch in dem geklärten Wasser eines stärker verdünnten Schmutzwassers vielfach ein höherer Rückstand, als beim Klärwasser eines concentrirten Schmutzwassers, wenn auch die Unterschiede im Allgemeinen nur sehr gering zu nennen sind.

Diese Art der Bestimmung des Reinigungseffectes ist für die ständige Controlle sehr bequem und für Vergleiche bei ein und demselben Wasser auch hinreichend genau genug, wenngleich hierbei sämmtliche in Lösung befindlichen organischen und anorganischen Substanzen mit bestimmt werden. Um jedoch auch genauere Werthe zu erhalten, wurden in einer anderen Versuchsreihe

Schwebestoffe,

Ammoniak,

Gesammtstickstoff,

Chlor

organische Substanz vor und nach der Klärung bestimmt, die bei einem Schmutzwasser von mittlerer Zusammensetzung nachstehendes Resultat gaben.

Schmutzwasser:

Schwebestoffe organisch	Schwebestoffe anorganisch	Gesammtrückstand	Glührückstand	Glühverlust	Ammoniak-Stickstoff	nicht flücht. organ. Stickstoff	Chlor	Org. Subst. in saurer Lösung. Kal. perm.	Organ. Subst. desgl. Sauerstoff	Org. Subst. in alkal. Lösung. Kal. permang.	Organ. Subst. desgl. Sauerstoff
mg i.L.	mg i.L.	mg i.L.	mg i.L.	mg i.L.	mg i.L.	mg i.L.	mg i.L.	mg i.L.	mg i.L.	mg i.L.	mg i.L.
4214	1246	8000	1660	6340	84	377,4	157,97	459,6	116,36	439,10	110,4

Im geklärten Wasser (bei 3 mm Geschwindigkeit)

	Schwebestoffe organisch	Schwebestoffe anorganisch	Gesammtrückstand	Glührückstand	Glühverlust	Ammoniak-Stickstoff	nicht flücht. organ. Stickstoff	Chlor	Org. Subst. in saurer Lösung. Kal. perm.	Organ. Subst. desgl. Sauerstoff	Org. Subst. in alkal. Lösung. Kal. permang.	Organ. Subst. desgl. Sauerstoff
	120	44	666	333	333	67,2	26,32	155,96	192,9	48,83	258,54	65,4
Verlust pCt.	97,15	96,47	91,68	79,94	94,74	20	93,00					

Bei einer Geschwindigkeit von 3 mm finden wir ebenfalls bei diesem Versuche einen ausserordentlich günstigen Reinigungseffect.

Wenn auch die im allgemeinen sehr geringe Geschwindigkeit in hiesiger Anlage, sowie das gegen andere Städte verhältnissmässig concentrirte Schmutzwasser an diesem Ergebnisse den grössten Antheil haben, so sind doch auch folgende Punkte hierbei nicht ausser Acht zu lassen. Es sind dieses erstens, wie oben bereits erwähnt wurde, das Einströmen des Schmutzwassers in die Becken mit vollem Querschnitte und die Vergrösserung der Becken nach dem Ablaufkanale zu. Durch das Einströmen im vollen Querschnitte wird jede Beunruhigung des Wassers vermieden und das Sedimentiren beginnt sofort. Infolge des zum Schluss vergrösserten Querschnittes hingegen wird die Geschwindigkeit immer mehr und mehr verlangsamt und ein Niedergehen auch der leichteren Stoffe dadurch begünstigt.

Lässt man das geklärte Wasser in einem offenen Glase stehen, so verschwindet der schwach fäkale Geruch in einigen Tagen fast vollständig.

Ein kleiner Misstand machte sich im Anfang des Betriebes, als noch jegliche Erfahrungen fehlten, bemerkbar und gab Veranlassung zu eingehenden Versuchen. Es war dieses der beim Abpumpen des Schlammes auftretende Geruch desselben. Die verschiedensten Versuche wurden angestellt um diesen Geruch zu beseitigen, doch führte kein Mittel besser zum Ziel, als der Aetzkalk.

Es wurden ferner in die Versuche einbezogen übermangansaures Kali, Brom, Theeröl und Mischungen dieser und ausserdem noch Chlorkalk. Alle gaben jedoch ein weniger günstiges oder nicht besseres Resultat als die Versuche mit Aetzkalk. Für 100 cbm Schlamm mit 90 pCt. Wasser sind 100 kg Aetzkalk erforderlich, um den Geruch zu verdecken. Bei Anwendung von Chlorkalk war die gleiche Menge nothwendig und es blieb dann noch fraglich, ob nicht etwa die Kesselwandungen des Vacuumapparates leiden würden und ob das Product noch für die Landwirthschaft zu verwerthen sei.

Wenn nun auch in den Klärbecken der Geruch des Schlammes so gut wie ganz verschwunden ist, macht sich derselbe beim Auspumpen auf die Schlammbecken wieder ein wenig bemerkbar und es sind deshalb andere diesbezügliche Versuche noch in Vorbereitung.

Der aus den Klärbecken ausgepumpte Schlamm enthält im Mittel 90,58 pCt. Wasser.

Die Trockensubstanz enthält im Durchschnitt

Eiweissstoffe 22,53 pCt. = 3,6 pCt. Stickstoff
Mineralstoffe 35,90 pCt.

Es sind im ersten Jahre im Ganzen 11250 cbm Schlamm mit rund 90,0 pCt. Wasser abgepumpt, also 1125 cbm Trockensubstanz zurückgehalten worden. Die Schwebestoffe, welche trotzdem noch in den Flusslauf gelangen, fallen bedeutend weniger ins Gewicht, da dieselben sehr leichter Natur sind und infolge ihrer Kleinheit und feineren Vertheilung sehr bald im Flusslauf verschwinden, ohne zu Missständen, wie Schlammbänken, übelriechenden Ansammlungen, Veranlassung zu geben.

Zur Zeit liegt der Auslauf des Kanals am linken Ufer der Fulda hinter einer kleinen Landzunge, so dass infolge Rückstaues kleinere Ansammlungen direkt unter dem Auslaufe nicht zu vermeiden sind.

Sobald jedoch der Kanalauslauf in die Mitte des Flusses verlegt ist, werden auch diese Ansammlungen vollständig verschwinden.

Neben der Reinigung der städtischen Schmutzwässer ist als zweite und schwierigste Aufgabe noch die Frage der Weiterbehandlung und schliesslichen Unterbringung der bei dem Reinigungsvorgang gewonnenen Rückstände zu lösen und in dieser Hinsicht sei über die hiesigen Verhältnisse Folgendes bemerkt.

Bei diesem Theil der Aufgabe kommt es in erster Linie darauf an, den rückständigen Schlamm in einen leicht transportfähigen Zustand zu bringen. Zunächst wurde es für möglich gehalten, eine Entziehung des Wassers dadurch zu bewirken, dass der 90 pCt. Wasser enthaltende Rückstand auf drainirte Kiesfilter gebracht wurde in der Annahme, dass das Wasser abziehen, und dann ein stichfester Schlamm zurückbleiben würde. Dies erwies sich aber als völlig undurchführbar, da das Wasser sich nur sehr schwer von den festen Stoffen trennen lässt. Die Filter waren, nachdem sie kurze Zeit die Schmutzwässer ohne jeden sichtbaren Reinigungseffekt hindurchgelassen hatten, bald vollständig verstopft und es dauerte Monate lang, bis der dann noch aufgepumpte Schlamm einigermassen stichfest wurde.

Die Anlage war im Betriebe, täglich wurden grosse Schlammmengen producirt und es musste daher, da Zeit, mit den Filtern weitere Versuche anzustellen, nicht vorhanden war, anderweite Abhülfe geschaffen werden und es wurde zunächst das Augenmerk auf die landwirthschaftliche Verwendung der Rückstände gerichtet.

Hierbei waren 2 Umstände zu berücksichtigen, nämlich dass erstens ein Mittel gefunden werden musste, um den Schlamm rascher als durch blosses Verdunsten auf landwirthschaftlichem Fuhrwerk transportfähig zu machen und dass zweitens der Landwirthschaft die Möglichkeit zu bieten war, den Dünger abzuholen, wenn es ihr nach ihren Betriebsverhältnissen passt, da auf eine mit der continuirlichen Production gleichen Schritt haltende Abfuhr von vornherein nicht gerechnet werden konnte.

Die Erwägung nun, dass allerwärts und auch in Cassel der Strassenkehricht von den Landwirthen gern als Dünger verwendet wird und dass dieser Dünger durch Zumischung der Rückstände aus der Kläranlage jedenfalls verbessert, keinesfalls aber verschlechtert werden würde, führte dazu, diese Rückstände mit Strassenkehricht zu mischen und um der Landwirthschaft die Möglichkeit zu bieten, den Dünger zu ihr passender Zeit abzuheben, mussten noch grosse Grundstücke zu dessen Lagerung erworben werden.

Der im Becken verbleibende Rückstand wird also, nachdem er vorher zur Dämpfung des Geruches mit gelöschtem Kalk überstreut worden ist, in der vorstehend geschilderten Weise auf die Schlammlagerplätze gedrückt, dort ebenfalls mit gelöschtem Kalk bestreut und mit dem Strassenkehricht gemischt.

Dieses Verfahren hat sich bisher bewährt und wenn natürlich auch nicht ohne Weiteres angenommen werden darf, dass der Absatz des Düngers — derselbe wird jetzt kostenlos abgegeben — für alle Zukunft gesichert sei, so sind doch nach den mit ihm erzielten Erfolgen Aussichten vorhanden, dass bis auf Weiteres die Unterbringung desselben keinen Schwierigkeiten begegnen werde.

Bemerkt sei noch, dass im ersten vollen Betriebsjahre 11250 cbm Rückstände aus den Becken entfernt und mit rot. 5000 cbm Strassenkehricht vermischt worden sind und dass sich die Betriebskosten einschliesslich Verzinsung und Amortisation des Anlagecapitals nicht höher wie 40—50 Pfg. für den Kopf der Bevölkerung stellen werden. Genauere Angaben in dieser Hinsicht können z. Zt. wegen der erst kurzen Betriebsdauer noch nicht gemacht werden.

Nach den im Vorstehenden mitgetheilten Ergebnissen könnte die Stadt wohl den ganzen Betrieb der Anlage als einen zufriedenstellenden bezeichnen, wenn nicht von den in grösserer oder geringer Entfernung von derselben Wohnenden Klagen über durch die Behandlung der Rückstände hervorgerufene Geruchsbelästigungen erhoben würden.

Wenn auch die Klagen in dem erhobenen Umfange, als stark übertrieben zu bezeichnen sind und keinesfalls als berechtigt anerkannt werden können, so ist die städtische Verwaltung dennoch unablässig bemüht, Mittel und Wege zu finden, um sie völlig gegenstandslos zu machen.

In dieser Richtung sind Versuche und Erhebungen im Gange, über welche indessen mangels bestimmter Ergebnisse noch Nichts berichtet werden kann. Das Hauptaugenmerk soll indessen auf die Heranziehung von Torfstreu zur Desodorirung der Rückstände und auf die Einführung eines anderen, als des bisher üblichen primitiven Mischverfahrens gerichtet worden.

3.

Versuche über mechanische Klärung der Abwässer der Stadt Hannover.

Von

A. Bock,
Director der städtischen Canalisation und Wasserwerke.

Dr. F. Schwarz,
Director des städtischen chemischen Untersuchungsamtes.

a) Kurzer Ueberblick über die Neucanalisation der Stadt.

Die Neucanalisation der Königlichen Haupt- und Residenzstadt Hannover, welche im Jahre 1892 begonnen wurde, ist im September ds. Js. soweit vollendet, dass die gesammte bebaute Stadt die Wohlthaten dieser hervorragenden Anlage geniessen kann.

Nur die in der Feldmark vertheilt liegenden Grundstücke, die vorwiegend von Garten und Ackerbau treibender Bevölkerung bewohnt werden, konnten bisher eine Canalisation nicht erhalten; die Canäle können hier erst angelegt werden, wenn die im Bebauungsplane der Stadterweiterung vorgesehenen Strassen zur stadtmässigen Bebauung gelangen.

Die seit mehreren Jahren eingemeindeten Vororte Herrenhausen, Hainholz, Vahrenwald und List liegen ausserhalb des Entwässerungsgebietes und werden in der nächsten Zukunft mit einem besonderen Canalsystem versehen.

Das gesammte Entwässerungsgebiet, welches dem zur Ausführung gebrachten und mit der Bebauung sich weiter ausdehnenden Canalnetze zugehört, hat eine Grösse von rund.

1600 Hectar.

Mit Canälen versehen sind heute rund

800 Hectar,

also die Hälfte, während der Ausbau der zweiten Hälfte sich auf einen Zeitraum von voraussichtlich 30—40 Jahren vertheilen wird.

Das Project der Canalisation ist in der Zeitschrift des Architekten- und Ingenieur-Vereins zu Hannover vom Jahre 1891 und in der Festschrift zu dem deutschen Elektrotechniker-Tage zu Hannover im Jahre 1899 des Näheren beschrieben und erläutert; ferner enthält die Zeitschrift des Vereins deutscher Ingenieure im Band XXXVII (Jahrgang 1893) die Beschreibung der Pumpanlage der Neucanalisation.

Die Stadt ist nach dem einheitlichen Schwemmcanalsystem entwässert, nimmt somit von den Grundstücken und Strassen die Abwässer aller Art und die Fäcalien auf, ferngehalten werden nur die groben Unrathstoffe des Abwassers, welche vor Eintritt desselben in die Canäle durch Einläufe mit Schlammfängen, Syphons, Strasseneinläufe u. a. abgefangen werden.

Die Canäle bilden ein einheitliches zusammenhängendes Netz, dessen einzelne Aeste je nach Lage und Function mit Gefällen von 1 : 100 bis 1 : 500 für die Rohrleitungen, 1 : 1200 bis 1 : 2500 für die gemauerten Canäle versehen sind und deren Sohle durch Schlammfänge und dergleichen nirgends unterbrochen ist, so dass Ablagerstätten von etwa doch mitgerissenen festen Stoffen niemals auftreten können. Soweit feste Stoffe dennoch mitgeführt werden sollten, werden sie durch die regelmässigen Spülungen entfernt und auch zeitweise durch Reinigen mit der Bürste an dem Festsetzen verhindert.

Zur Vornahme der Spülungen in der Weise, dass mit möglichst wenig Wasser ein möglichst hoher Effect erzielt werden kann, sind an geeigneten Stellen Spülschieber, Spülklappen und Thüren eingebaut, durch die zum Theil das Abwasser aufgestaut wird und auch zugeführtes Flusswasser aus der vorhandenen Flusswasserleitung auf das Beste ausgenutzt werden kann.

Die kleineren Canäle sind aus Steinzeugröhren in Lichtweiten von 25 bis 60 cm hergestellt, dabei jedoch die Röhren über 45 cm zur Erhöhung der Festigkeit mit Beton umkleidet, die grösseren Canäle sind sämmtlich aus Ziegelklinkern hergestellt, haben bis zu 2 m Höhe das bekannte Eiprofil, gehen dann in breitere Profile bis zu 2 m Kreisform über, um darüber hinaus eine Kreissegmentform mit flach gekrümmter Sohle anzunehmen.

Zur Entlastung der Canäle sind an verschiedenen Punkten Regenauslässe nach der Leine und Ihme eingefügt, die bei siebenfacher Verdünnung des Hausabwassers zu wirken beginnen; ausgeführt sind:

7 Auslässe nach der Leine,

2 „ „ „ Ihme,

          A. Bock und Dr. F. Schwarz,

Montag, den 23. November 1896.

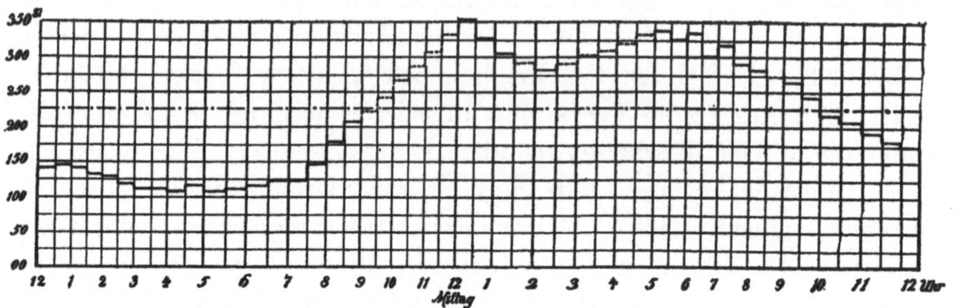

Freitag, den 11. December 1896.

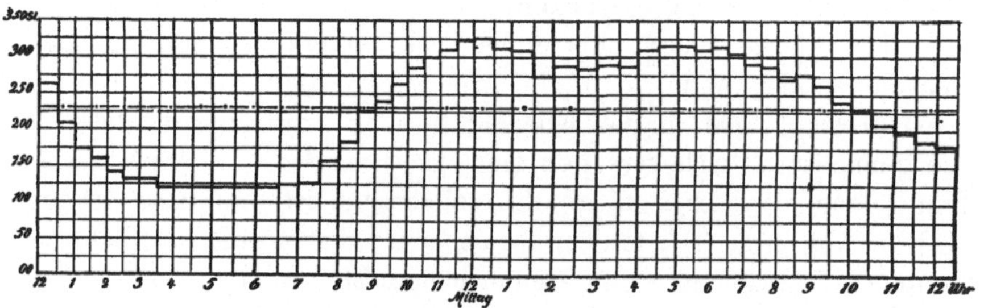

Sonnabend, den 16. Januar 1897.

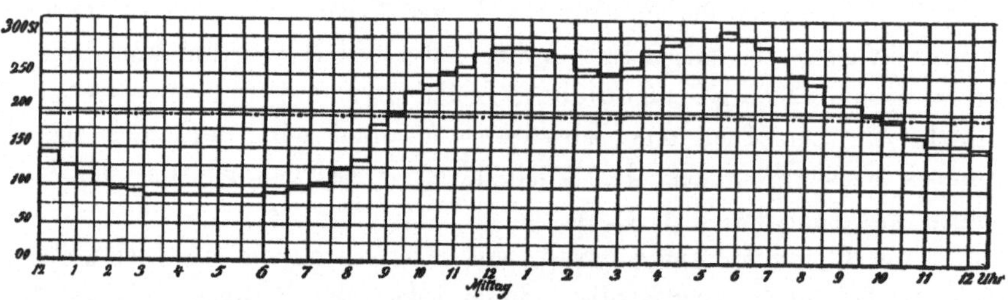

Dienstag, den 23. Februar 1897.

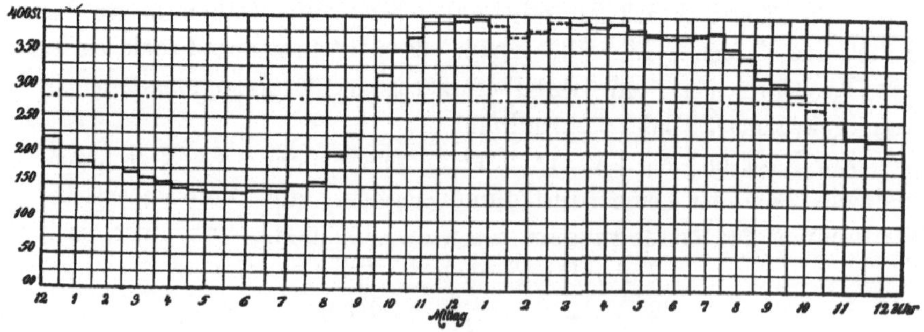

Freitag, den 23. April 1897.

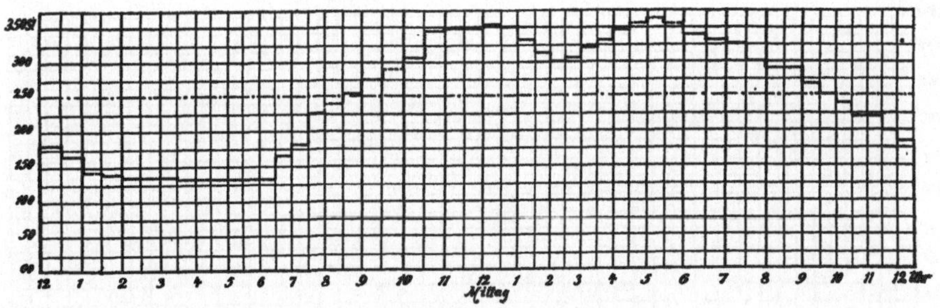

Sonnabend, den 22. Mai 1897.

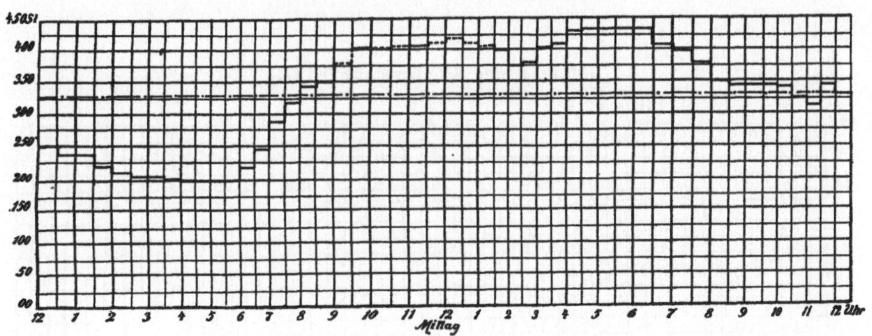

Mittwoch, den 23. Juni 1897.

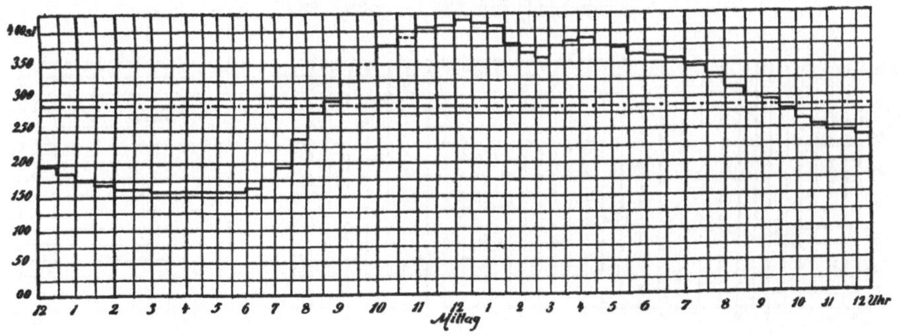

        A. Bock und Dr. F. Schwarz,

Mittwoch, den 28. Juli 1897.

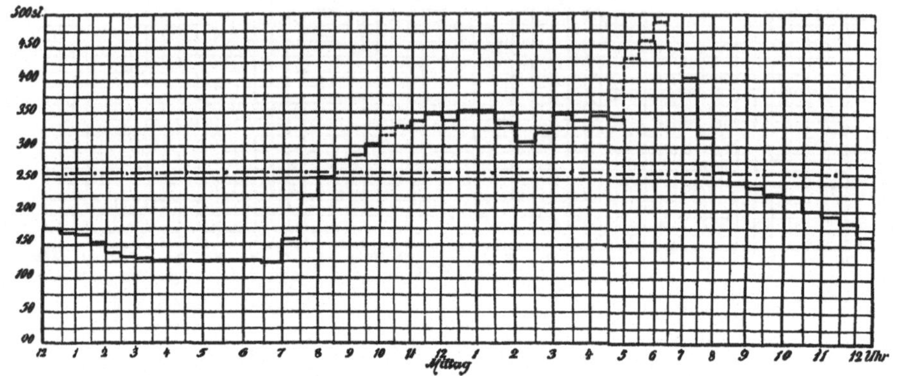

Montag, den 23. August 1897.

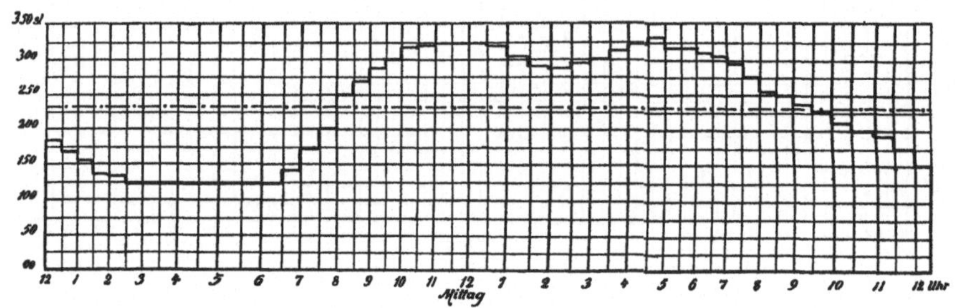

Sonnabend, den 23. October 1897.

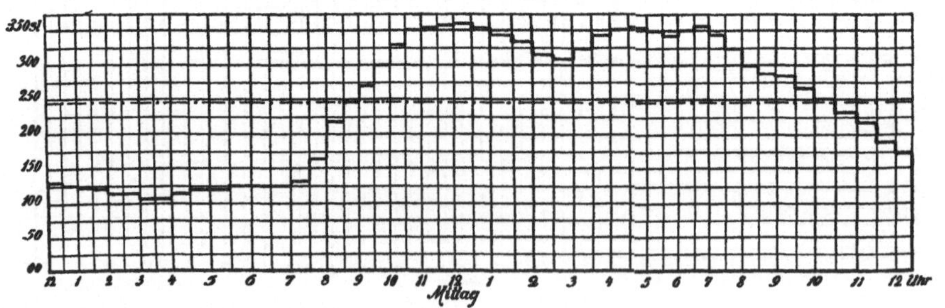

Dienstag, den 23. November 1897.

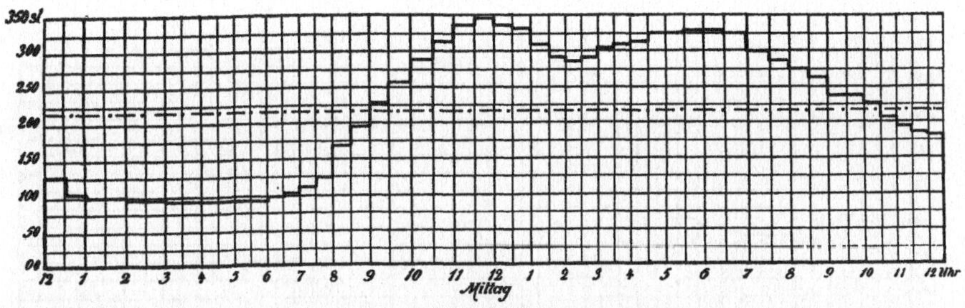

Mittwoch, den 22. December 1897.

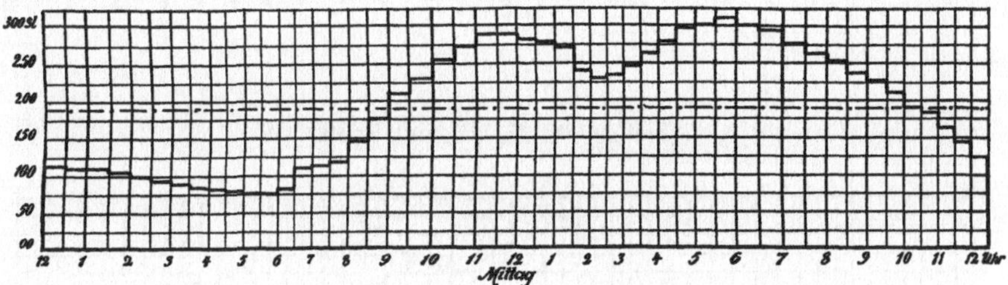

Mittwoch, den 23. Februar 1898.

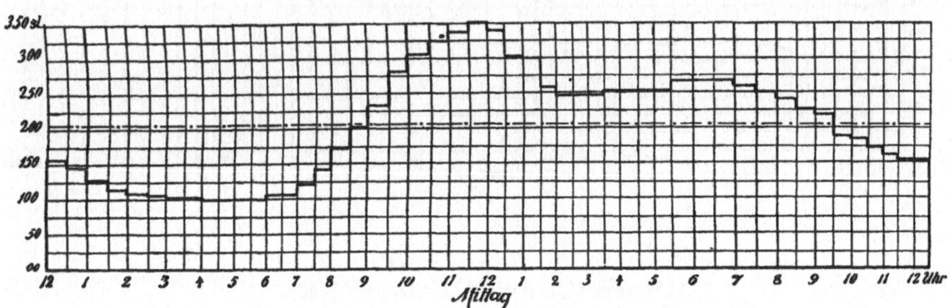

Sonnabend, den 23. April 1898.

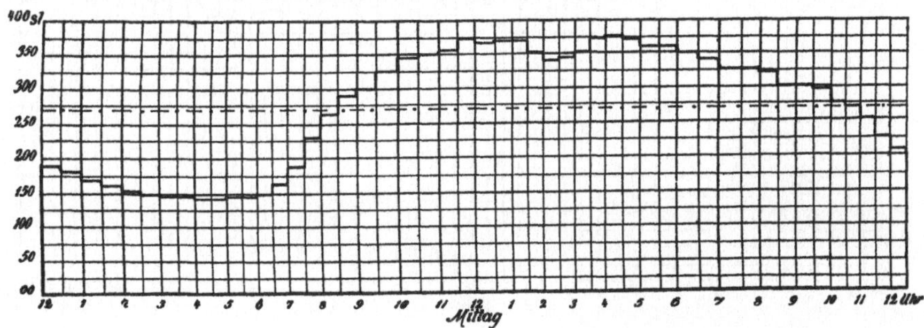

Montag, den 23. Mai 1898.

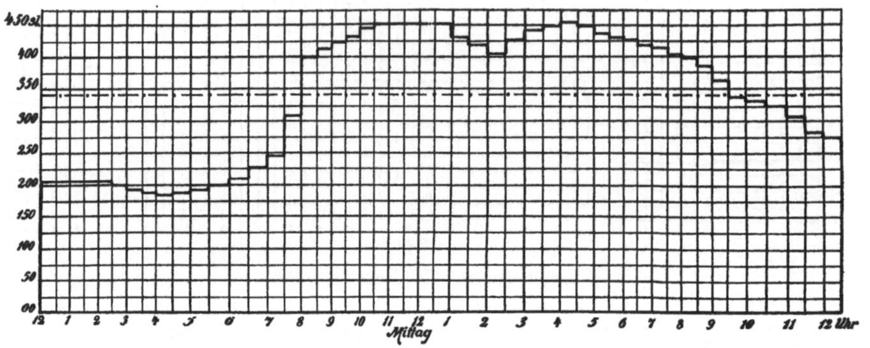

Freitag, den 26. August 1898.

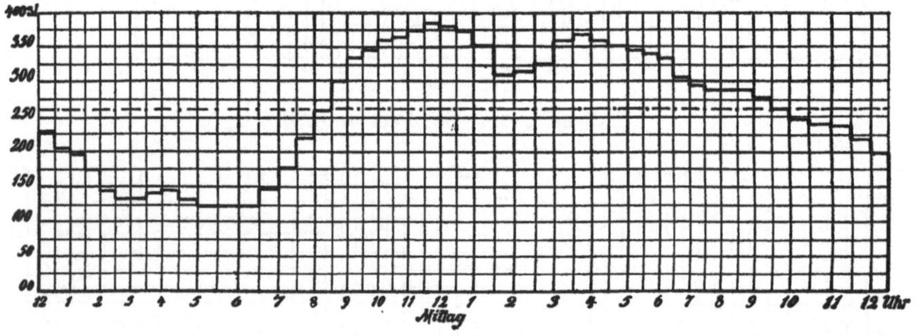

Sonnabend, den 22. October 1898.

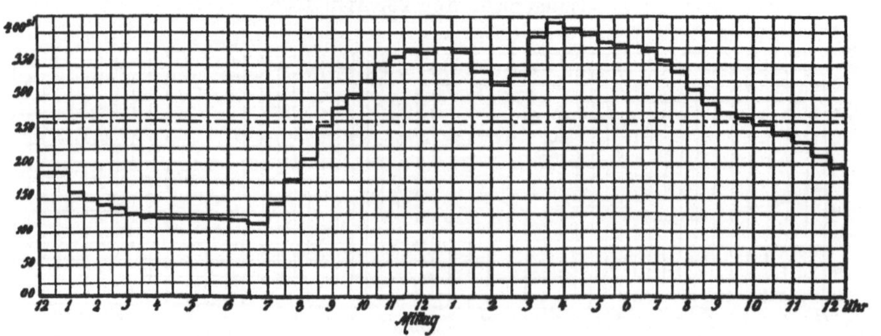

Donnerstag, den 24. November 1898.

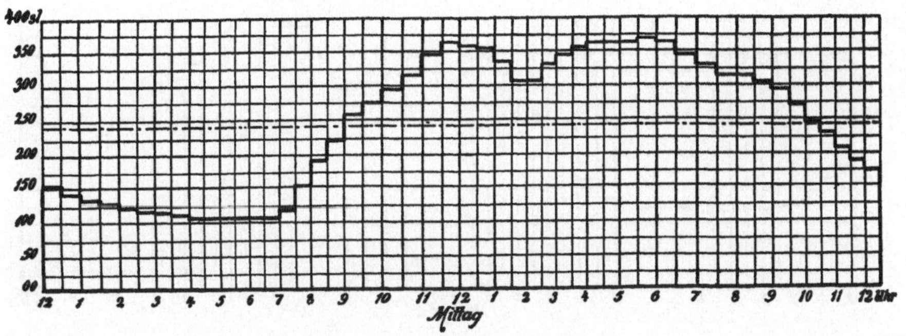

Freitag, den 23. December 1898.

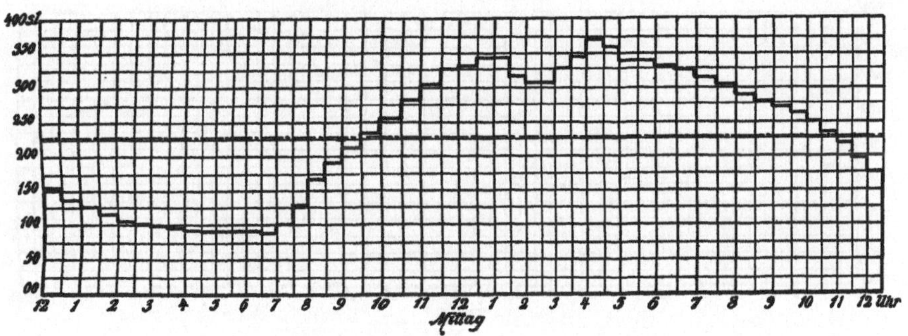

Montag, den 23. Januar 1899.

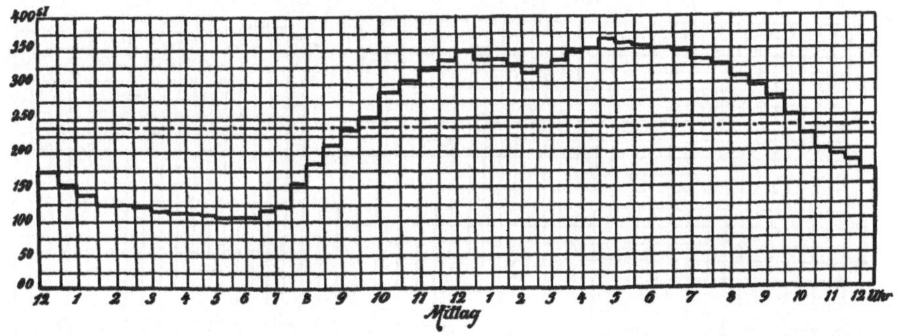

Donnerstag, den 23. Februar 1899.

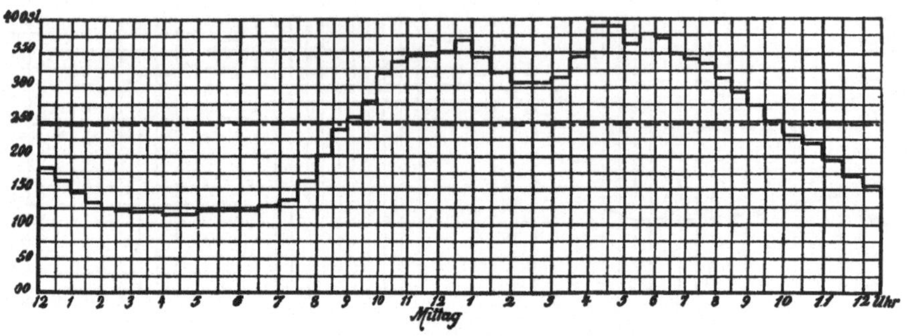

Freitag, den 23. Juni 1899.

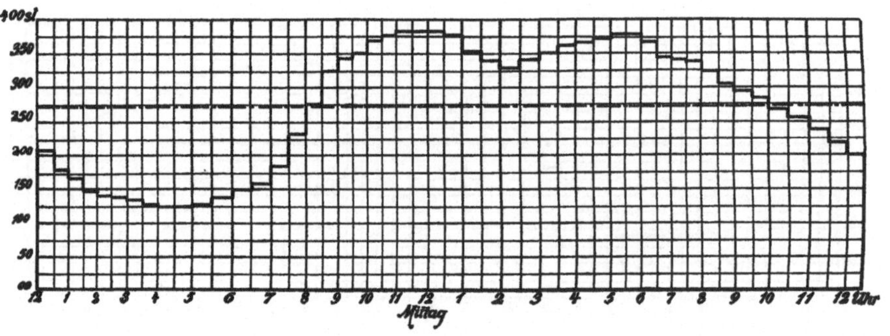

Sonnabend, den 22. Juli 1899.

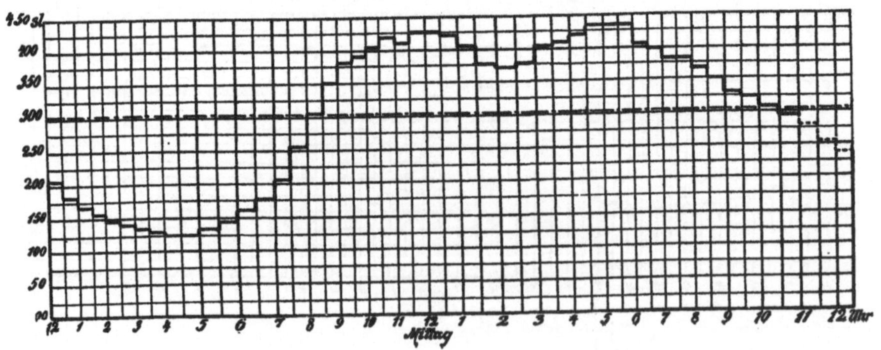

beim weiteren Ausbau ist noch ein Auslass in die Ihme oberhalb der Stadt vorgesehen.

Die gesammte Ausdehnung des Canalnetzes war am 1. September ds. Js. rund

145 000 Meter

und zwar:

106 000 m Steinzeugcanäle und
39 000 m gemauerte Canäle,

die mit einem Kostenaufwande von rund

$18^1/_2$ Millionen Mark

ausgeführt worden sind.

Die gesammten Abwässer laufen in einem an der Leine gelegenen Sandfang zusammen, aus welchem sie durch Pumpmaschinen entnommen und nach einem 3400 m abwärts gelegenen Punkte geführt werden, an dem sie in die Leine einlaufen. Da die directe Einleitung der ungereinigten Abwässer in die Leine bei der Genehmigung des Bauprojects, nur auf Zeit genehmigt worden war, wurde die Pumpmaschinen-Anlage in provisorischer Form mittelst Centrifugalpumpen und Leuchtgasmotoren ausgestaltet; eine inzwischen nothwendig gewordene Erweiterung ist als Kraftgasanlage mit Centrifugalpumpenbetrieb ausgeführt. Die Druckleitung hat 1 m lichte Weite und ist aus normalen gusseisernen Rohren hergestellt.

Die an das Canalnetz zur Zeit angeschlossene Seelenzahl, die abfliessende Wassermenge und die zur Beurtheilung der vorhandenen Verhältnisse nöthigen Zahlen sind in der beigefügten Anlage I niedergelegt.

Die daselbst eingetragenen Abflusswassermengen sind Messzahlen, welche an einem in dem Hauptsammelcanal bei dem Sandfange eingebauten Poncelet-Ueberfallwehr gemessen worden sind. Die Messungen sind monatlich einmal während 24 Stunden vorgenommen, stündlich registrirt und auf Anlage II für einige Tage graphisch aufgetragen.

Die Messungen lassen ersehen, dass:

1. die innerhalb 24 Stunden zum Abfluss kommenden Wassermengen in ziemlich weiten Grenzen schwankt; im Mittel für den Kopf und Tag 105 Liter beträgt;

2. die in den einzelnen Tages- und Nachtstunden zum Abfluss kommenden Wassermengen stark schwankende sind, jedoch der steigende und fallende Verlauf im Allgemeinen ein gesetzmässiger ist;

3. innerhalb der 14 Tagesstunden von früh 8 Uhr bis abends 10 Uhr rund 75 pCt. der gesammten Tageswassermenge abfliessen;

4. Die grösste in einer Stunde zum Abfluss kommende Wassermenge rund 6 pCt. der durchschnittlich innerhalb 24 Stunden zum Abfluss kommenden Tagesmengen beträgt; die kleinste Stundenmenge 2 pCt. derselben.

Die auf diese Weise seit nunmehr 6 Jahren, erst in geringer, jetzt in der in der Anlage angegebenen Menge in die Leine abfliessende Abwassermenge hat der Stadt, da die Genehmigung zur Einleitung der Abwässer in ungereinigtem Zustande nur auf Zeit gewährt war, Veranlassung gegeben, durch regelmässig vorzunehmende Beobachtungen und Untersuchungen des Leinewassers unterhalb des Einlaufs der Abwässer die etwa eintretende Verunreinigung der Leine festzustellen. Die Untersuchungen sind in den Jahren 1895—1897 von dem Vorsteher des städtischen chemischen Untersuchungsamtes, Director Dr. Schwarz und dem Geheimen Medicinal-Rath, Professor Dr. Kirchner in Berlin, früher Oberstabsarzt zu Hannover ausgeführt, dem Ersteren fiel die chemische, dem Letzteren der bacteriologische Theil der Untersuchungen zu.

Die Ergebnisse dieser Untersuchungen und Beobachtungen sind auch von der Königlichen wissenschaftlichen Deputation für das Medicinalwesen bei der Erstattung eines Gutachtens über Reinigung der Kanalisationswasser Hannovers mitbenutzt werden.[1]

Infolge dieses Gutachtens der Wissenschaftlichen Deputation für das Medicinalwesen ist der Stadt inzwischen aufgegeben bis zum Jahre 1901 eine Kläranlage zu bauen, durch welche die Schwimm- und Sinkstoffe zurückgehalten werden, die zu Schlammablagerung und Fäulnisszuständen in der Leine Veranlassung geben.

Die zu erbauende Kläranlage hat somit den Zweck, die städtischen Abwässer nach Möglichkeit von den suspendirten organischen Stoffen zu befreien. Gleichzeitig sollte die für Hannover geeignetste Art der Klärung und die Wirksamkeit des gewählten Klärverfahrens durch Versuche festgestellt werden.

Diese Klärversuche, die gleichsam als Grundlage für die zu schaffende Anlage dienen sollten, mussten sich obigem Zweck entsprechend darauf erstrecken, an Versuchs-Klärbecken zu ermitteln, bei welcher Durchflussgeschwindigkeit und welcher Beckenausbildung in

---

[1] Siehe Vierteljahrsschr. für gerichtl. Med. u. öff. Sanitätswesen. 1898. Supplement-Heft.

Bezug auf Länge und Tiefe und bei welchen Ein- und Ablauf-Verhältnissen des Wassers die Sedimentirung der suspendirten Schlammstoffe in hinreichender Weise erzielt wird.

Der Kläreffect war zu bestimmen durch chemische Untersuchung des einlaufenden und des ablaufenden Wassers und zwar durch Ermittelung des Unterschiedes an suspendirten organischen Stoffen beim Einlauf und beim Ablauf.

Schon im Sommer 1897 und 1898 sind mit einem Probebecken von 35 m Länge einzelne Klärversuche mit verschiedenen Durchlaufsgeschwindigkeiten ausgeführt worden. Die Ergebnisse dieser Versuche führten jedoch zu der Ueberzeugung, dass durch einzelne Versuche keine zuverlässigen Resultate für die Beurtheilung der mechanischen Klärung gewonnen werden können. Die fortwährenden Schwankungen in der Beschaffenheit des Kanalwassers, dessen Zusammensetzung fast stündlich erheblich wechselt, machen es vielmehr nothwendig, dass gleichartige Versuche in grösserer Anzahl durchgeführt werden und dass vor Allem, um ein sicheres Urtheil zu erhalten, die Proben nicht nur während der Tagesstunden, sondern auch während der Nacht entnommen werden. Von diesen Gesichtspunkten ausgehend sind zunächst an einem Probebecken von 50 m und dann von 75 m Länge eine grösssere Anzahl gleichartiger Versuche mit verschiedenen Durchlaufsgeschwindigkeiten ausgeführt worden, über deren Ergebniss nachstehend berichtet werden soll.

b. Klärversuche.

Das erste Versuchs-Klärbecken, welches auf dem Grundstücke der Kanalpumpstation erbaut wurde, war bei einer mittleren Breite von 2,5 m genau 50 m lang.

Der trapezförmige Querschnitt hatte in der Sohle eine Breite von 2 m, in der Wasserspiegellinie eine solche von 3 m.

Die Sohle des Beckens hat vom Einlauf nach dem Ablauf ein Gefälle von 0,5 m. Die Wassertiefe beträgt am Einlauf 1,75 m am Ablauf 2,25 m.

Das Wasser wurde durch eine Centrifugalpumpe, welche durch einen Gasmotor, später durch eine Locomobile betrieben wurde, dem Saugschacht der Kanalpumpstation entnommen, sodass das Wasser bereits den mit einem Rechen versehenen Hauptsandfang der Kanalisation durchlaufen hat und dem Becken an der Oberfläche zugeführt.

Der Ablauf fand am unteren Ende des Beckens über einen als Messvorrichtung ausgebildeten Ueberfall nach der Leine statt.

Die bei den einzelnen Versuchen angegebene Durchlaufsgeschwindigkeit ist aus den am Ueberlauf ermittelten Durchflussmengen berechnet; die Ueberlaufhöhe ist alle halbe Stunde abgelesen und der mittlere Tageswerth der Ermittelung der Menge zu Grunde gelegt.

Mit dem oben beschriebenen Becken wurden je 11 Versuche mit 8 und mit 6 mm und 5 Versuche mit 4 mm Durchlaufgeschwindigkeit ausgeführt. Als diese Versuche beendet waren musste das Becken wegen Beanspruchung des Platzes für andere Bauten verlegt werden, worauf die weiteren Versuche an einem neu erbauten Becken angestellt wurden. Dieses neue Becken ist 75 m lang, hat aber sonst dieselbe Einrichtung und dieselben Dimensionen wie das 50 cm lange.

Mit diesem Becken sind bislang 10 Versuche mit 4 mm und 12 Versuche mit 6 mm Durchlaufgeschwindigkeit ausgeführt worden.

Die zur Zeit erledigten Versuche sind nach Möglichkeit bei trockenem Wetter unternommen worden, wobei allerdings kurze schwache Regenfälle unberücksichtigt blieben. Bei anhaltendem starken Regen, wodurch das Kanalwasser wesentlich verdünnt wird, wurden die Versuche ausgesetzt.

Jeder Versuch dauerte 24 Stunden. Proben wurden sowohl vom einlaufenden wie vom ablaufenden Wasser des Klärbeckens stündlich während der ganzen Versuchsperiode, sowohl am Tage wie während der Nacht entnommen. Die Proben beim Ablauf sind um so viele Minuten, als die Durchlaufsdauer des Wassers durch das Becken betrug, später entnommen worden, als die beim Einlauf, sodass die Ablaufproben als correspondirend und identisch mit den Einlaufproben anzusehen sind.

Die Anzahl der Proben betrug somit je 24 beim Einlauf und beim Ablauf.

Aus je 4 Proben (à 1 Liter) des Einlaufs wie des Ablaufs ist für die chemische Untersuchung eine Durchschnittsprobe hergestellt worden, sodass bei jedem Versuch während der Dauer von 24 Stunden 6 Proben Einlauf und 6 Proben Ablauf untersucht wurden.

Die Untersuchung erstreckte sich auf die Bestimmung von Abdampfrückstand und Glührückstand im unfiltrirten und im filtrirten Wasser.

Hieraus ergeben sich folgende Gehaltswerthe des Wassers, theils direct, theils durch Rechnung:

1. Gesammtmenge an festen Stoffen,
2.   „   „ Mineralstoffen,
3.   „   „ organischen Stoffen,
4.   „   „ gelösten Stoffen,
5.   „   „   „ Mineralstoffen,
6.   „   „   „ organischen Stoffen,
7.   „   „ suspendirten   „   „

Die Ergebnisse dieser Untersuchungen sind mit Ausnahme der unter Ziffer 4 u. 5 genannten Mengen in der Anlage III zusammengestellt und zwar die Tagesmittel aus den einzelnen Durchschnittsproben.

Zieht man das Mittel aus den Resultaten jeder Versuchsreihe, so ergiebt sich durch die Klärung folgende Abnahme an suspendirten organischen Stoffen:

Beckenlänge	Durchlauf-Geschwindigkeit	Zahl der Versuche	Abnahme an susp. organ. Stoffen
	8 mm	11	54,6 pCt.
50 m	6 „	11	56,3 „
	4 „	5	56,0 „
75 „	4 „	10	62,7 „
	6 „	12	61,7 „

Wie aus Anlage I zu ersehen ist, schwankt die Abwassermenge während der 24 Stunden eines Tages innerhalb weiter Grenzen. Das Stundenmaximum beträgt 6 pCt., das Stundenminimum der abfliessenden Abwassermengen nur 2 pCt. der Tagesmenge. In den Tagesstunden ist ferner die abfliessende Menge grösser als während der Nacht. So beträgt die von morgens 8 Uhr bis Abends 10 Uhr abfliessende Menge 75 pCt. der gesammten Tagesmenge.

Aehnliche Schwankungen zeigen sich während der 24 Stunden eines Tages auch in der Zusammensetzung des Kanalwassers. Gegen Morgen ist die Concentration gering, nimmt gegen Mittag stark zu, erreicht gewöhnlich in der Zeit von 10—1 Uhr das Maximum, bleibt bis gegen Abend ziemlich constant und nimmt während der Nacht bis gegen Morgen erheblich ab. Dies ist deutlich ersichtlich aus den Untersuchungsergebnissen der einzelnen Durchschnittsproben jedes Versuchs, von welchen die Resultate einiger Versuche in der Anlage III unter Versuchsreihe III aufgeführt sind.

Vergleicht man diese Gehaltswerthe untereinander, so ergiebt sich folgendes:

1. Die grösste Concentration hat das Kanalwasser zwischen 10 und 1 Uhr am Tage, die geringste zwischen 2 und 5 Uhr des Nachts.

2. Sämmtliche Gehaltswerthe der zwischen 10 Uhr vormittags und 9 Uhr abends entnommenen Proben liegen über dem Tagesmittel und sämmtliche Werthe der in der Nacht von abends 10 Uhr bis morgens 9 Uhr entnommenen Proben liegen unter dem Tagesmittel.

3. Das ungeklärte Kanalwasser hat in den Nachtstunden zwischen 2 und 5 Uhr eine geringere Verunreinigung wie das im Durchschnitt während des ganzen Tages abfliessende Wasser, wie sich aus folgender Gegenüberstellung der Gehaltswerthe an organischer Substanz ergiebt.

Datum 1899	Gesammtmenge an organischer Substanz mg i. l.		Gelöste organische Substanz mg i. l.		Suspendirte organische Substanz mg i. l.	
	Zwischen 2 u. 5 Uhr Nachts im ungeklärten Wasser	Tagesmittel des geklärten Wassers	Zwischen 2 u. 5 Uhr Nachts im ungeklärten Wasser	Tagesmittel des geklärten Wassers	Zwischen 2 u. 5 Uhr Nachts im ungeklärten Wasser	Tagesmittel des geklärten Wassers
27. Febr.	210	381	166	266	44	144
4. März	182	317	118	200	64	117
6. „	218	368	168	231	50	137
20. Juli	210	278	96	194	114	84
15. Aug.	196	290	176	191	20	99
18. „	188	290	124	180	64	110

Diese aus obigen Versuchstagen gezogenen Schlüsse lassen sich selbstverständlich nicht ohne Weiteres auf alle Tage übertragen. Die stetig schwankende Zusammensetzung des Kanal-Wassers bedingt es, dass an den verschiedenen Tagen die Concentration bald etwas früher als 10 Uhr, bald etwas später eintritt. Immerhin aber haben die bisherigen zahlreichen Untersuchungen ergeben, dass das während der 14 Tagesstunden einlaufende Wasser, welches nach Obigem 75 pCt. der abfliessenden Tagesmenge beträgt, eine Concentration zeigt, die erheblich über dem Tagesmittel liegt, während die Concentration des in den Nachtstunden abfliessenden Wassers wesentlich unter dem Tagesmittel sich bewegt.

Ausser diesen, durch die chemische Analyse festgestellten Bestimmungen, wurden bei jedem Versuche noch folgende Messungen und Beobachtungen ausgeführt:

1. Höchste, niedrigste und mittlere Lufttemperatur,
2. Wassertemperatur beim Einlauf und Auslauf,
3. durchfliessende Wassermenge,
4. Schlammmenge im Ganzen und auf 1000 cbm Wasser berechnet,
5. Pegelstand der Leine,
6. Wassermenge der Leine pro Secunde,
7. Beobachtungen über Wind und Wetter.

Diese Ermittelungen sind mit dem Tagesmittel an suspendirten organischen Stoffen in Anlage II zusammengestellt.

Die zurückgebliebene Schlammmenge betrug bei den Versuchen mit 8 mm Geschwindigkeit 2,22 cbm pro 1000 cbm Wassser, bei den Versuchen mit 6 mm Geschwindigkeit 2,30 cbm. Die für den Kläreffect wichtigsten Factoren bei diesen Versuchsreihen sind somit folgende:

Menge des zurückgebliebenen Schlammes auf 1000 cbm Wasser	Abnahme an suspendirten organischen Stoffen in Procenten
8 mm Geschw. 2,22 cbm	54,6
6 „ „ 2,30 „	56,3

Das während der Nacht und der ersten Morgenstunden einlaufende Wasser ist von ziemlich klarer Beschaffenheit, so dass während dieser Zeit die Abnahme von suspendirten organischen Stoffen eine geringe ist.

Es ergiebt sich das auch aus den chemischen Analysen.

Das Gesammtergebniss von 24 Stunden wird dadurch zweifellos ungünstig beeinflusst. Um die Richtigkeit dieser Behauptung nach-zuweisen, wurden an 6 verschiedenen Tagen Versuche in der Weise angestellt, dass während der Vormittagsstunden von 10 bis 1 Uhr, wo das Wasser am meisten verunreinigt ist, Proben in Zwischen-räumen von 10 Minuten am Einlauf entnommen wurden, am Ablauf in denselben Zwischenräumen, und zwar der Durchflussdauer ent-sprechend, von 11^{40} bis 2^{40} Mittags.

Das Resultat dieser Versuche war:

Geschwindigkeit	Schlammmenge pro 1000 cbm Wasser	Abnahme an suspend. organischen Stoffen
8 mm	4,41 cbm	59,9 pCt.

Vorstehende Ausführungen sollen nur als vorläufige Mittheilung dienen. Die Versuche bilden für die hiesige Klärung der Abwässer noch keinen Abschluss. Dieselben werden fortgesetzt und soll darüber später weiter berichtet werden.

Anlage I.

1	2	3	4	5	6	7	8
Datum			Seelenzahl		Liegenschaften		
Tag	Mo-nat	Jahr	gesammte	für die Kanalisation in Betracht zu ziehende $R5 = R7 \times 26$	Gesammt-zahl	welche an die Wasser-werke ange-schlossen sind	welche an die Kanali-sation ange-schlossen sind
23	11	96	218236	203866	11249	7841	5016
11	12	96	218679	204074	11274	7849	5044
16	1	97	219566	204126	11294	7851	5063
23	2	97	220515	205036	11312	7886	5072
23	4	97	221993	205816	11339	7916	5299
22	5	97	222751	205972	11362	7922	5464
23	6	97	223534	206336	11381	7936	5623
28	7	97	224387	206830	11409	7955	5892
23	8	97	224701	207688	11443	7988	6004
23	10	97	226310	208728	11494	8028	6300
23	11	97	227336	208858	11505	8033	6365
22	12	97	227804	208754	11514	8029	6392
23	2	98	229404	209664	11542	8064	6458
23	4	98	231053	211016	11603	8116	6667
23	5	98	231866	211354	11617	8129	6674
26	8	98	234207	212394	11718	8169	7211
22	10	98	235465	213486	11746	8211	7428
24	11	98	236336	213590	11759	8215	7525
23	12	98	237113	213824	11768	8224	7586
23	1	99	237911	213772	11780	8222	7608
23	2	99	238713	214370	11799	8245	7630
23	6	99	241903	217932	11887	8382	7843
22	7	99	242715	218764	11908	8414	7899

9	10	11	12	13	14	15
			Kanalwassermengen in cbm			
durchschnittliche			grösste			
						pCt. der 1 stündigen
in der Sekunde	in der Stunde	in 24 Stunden	in der Sekunde	in der Stunde	pCt. der 24 stündigen Menge	durchschnittlichen Menge
0,226	813,60	19526,40	0,346	1245,60	6,4	153
0,231	831,60	19958,40	0,324	1166,40	5,8	140
0,196	705,60	16934,40	0,305	1098,00	6,5	156
0,279	1004,40	24105,60	0,393	1414,80	5,9	141
0,251	903.60	21686,40	0,359	1292,40	5,9	143
0,333	1198,80	28771,20	0,433	1558,80	5,4	130
0,287	1033,20	24796,80	0,415	1494,00	6,0	145
0,260	936,00	22464,00	0,476	1713,60	7,6	180
0,234	842,40	20217,60	0,328	1180,80	5,8	140
0,247	889,20	21340,80	0,359	1292,40	6,0	145
0,219	788,40	18921,60	0,343	1234,80	6,5	157
0,193	694,80	16675,20	0,305	1098,00	6,5	158
0,205	738,00	17712,00	0,346	1245,60	7,0	169
0,271	975,60	23414,40	0,374	1346,40	5,8	138
0,343	1234,80	29635,20	0,455	1638,00	5,5	133
0,264	950,40	22809,60	0,381	1371,60	6,0	144
0,265	954,00	22896,00	0,409	1472,40	6,4	154
0,243	874,80	20995,20	0,365	1314,00	6,2	150
0,229	824,40	19785,60	0,365	1314,00	6,6	159
0,238	856,80	20563,20	0,362	1303,20	6,3	152
0,248	892,80	21427,20	0,389	1400,40	6,5	157
0,273	982,80	23587,20	0,383	1378,80	5,8	140
0,304	1094,40	26265,60	0,433	1558,80	5,9	142
				Mittel	6,2	

16	17	18	19	20	21	22	23	24	25	26	27
						Kanalwassermengen in cbm					
kleinste				grösste in 14 Tagesstunden					pro Kopf und Tag		
in der Secunde	in der Stunde	pCt. d. 24 stünd. Menge	pCt. d. 1 stünd. durchschnittlichen Menge	in der Secunde cbm	in der Stunde cbm	in 14 Tagesstunden cbm	pCt. d. 24 stünd. Menge	pCt. d. 1 stünd. durchschnittlichen Menge	durchschnittlich $R\ 25 = \dfrac{R\ 11}{R\ 5}$	im Maximum $R\ 26 = \dfrac{R\ 13\times24}{R\ 5}$ $R\ 27 = \dfrac{R\ 17\times24}{R\ 5}$	im Minimum
0,109	392,40	2,0	48,3	0,292	1051,071	14715,000	75,6	129	0,096	0,147	0,046
0,120	432,00	2,2	51,8	0,287	1033,714	14472,000	72,8	124	0,098	0,137	0,051
0,089	320,40	1,9	45,5	0,255	919,414	12871,800	75,6	130	0,083	0,129	0,038
0,141	507,60	2,1	50,5	0,355	1276,586	17872,200	74,2	127	0,118	0,166	0,055
0,131	471,60	2,1	52,1	0,315	1134,771	15886,800	72,8	124	0,105	0,151	0,055
0,199	716,40	2,5	59,9	0,395	1422,643	19917,000	68,6	119	0,140	0,182	0,083
0,159	572,40	2,3	55,2	0,358	1289,829	18057,600	72,8	125	0,120	0,174	0,067
0,126	453,60	2,0	48,5	0,334	1201,243	16817,400	74,2	128	0,109	0,199	0,053
0,124	446,40	2,2	52,9	0,295	1063,414	14887,800	74,2	126	0,097	0,136	0,052
0,106	381,60	1,8	42,9	0,325	1168,457	16358,400	77,0	131	0,102	0,149	0,044
0,094	338,40	1,8	42,9	0,293	1055,700	14779,800	78,4	134	0,091	0,142	0,039
0,076	273,60	1,6	39,4	0,257	924,171	12938,400	77,0	133	0,080	0,126	0,031
0,102	367,20	2,1	49,8	0,263	947,700	13267,800	74,2	128	0,084	0,143	0,042
0,143	514,80	2,2	52,6	0,339	1218,857	17064,000	72,8	125	0,111	0,153	0,059
0,185	666,00	2,2	54,1	0,425	1529,743	21416,400	72,8	124	0,140	0,186	0,076
0,124	446,40	2,0	46,9	0,329	1185,429	16596,000	72,8	125	0,107	0,155	0,050
0,115	414,00	1,8	43,5	0,343	1233,000	17262,000	75,6	129	0,107	0,166	0,047
0,106	381,60	1,8	43,7	0,322	1158,300	16216,200	77,0	132	0,098	0,148	0,043
0,093	334,80	1,7	44,2	0,305	1097,743	15368,400	77,0	133	0,093	0,147	0,038
0,106	381,60	1,9	44,4	0,313	1125,514	15757,200	77,0	131	0,096	0,146	0,043
0,115	414,00	1,9	46,3	0,324	1167,043	16338,600	75,6	131	0,100	0,157	0,046
0,124	446,40	1,9	45,5	0,348	1253,314	17546,400	74,2	128	0,108	0,152	0,049
0,124	446,40	1,7	40,8	0,391	1408,114	19713,600	75,6	129	0,120	0,171	0,049
	Mittel	2,0				Mittel	74,2		105	155	

28	29	30	31	32	33	34	Zahl der angeschlossenen Wassercloscts
Wasserverbrauch in cbm						Verhältniss d. Canalwasser-mengen zu dem Wasser-verbrauch pro Tag u. Kopf	
Grundwasser		Flusswasser		Grund- u. Flusswasser			
nur für Hannover	im Durch-schnitt pro Kopf $R\,29 = \dfrac{R\,28}{R\,5}$	nur für Hannover	im Durch-schnitt pro Kopf $R\,31 = \dfrac{R\,30}{R\,5}$	nur für Hannover	im Durchschnitt pro Kopf	$R\,34 = \dfrac{R\,25}{R\,33}$	
14363,000	0,070	3938,000	0.019	18301,000	0,089	1,08 : 1	
13650,000	0,067	4037,000	0,020	17687,000	0,087	1,13 : 1	23448
13455,000	0,066	3884,000	0,019	17339,000	0,085	1,00 : 1	
13455,000	0,066	3426,000	0,017	16881,000	0,083	1,42 : 1	
14116,000	0,069	4690,000	0,023	19806,000	0,092	1,14 : 1	
17253,000	0,084	4706,000	0,023	21959,000	0,107	1,31 : 1	
19135,000	0,092	4493,000	0,022	23628,000	0,114	1,05 : 1	26468
17035,000	0,082	4217,000	0,020	21252,000	0,102	1,07 : 1	
17481,000	0,084	4321,000	0,021	21802,000	0,105	0.92 : 1	
17331,000	0,083	4083,000	0,020	21414,000	0,103	0,99 : 1	
15298,000	0,073	4007,000	0,019	19305,000	0,092	0,99 : 1	
15209,000	0,073	4003,000	0,019	19212,000	0,092	0,87 : 1	30408
15369,000	0,073	4352,000	0,021	19271,000	0,094	0,89 : 1	
16806,000	0,080	4364,000	0,021	21170,000	0,101	1,10 : 1	
18575,000	0,088	5264,000	0,025	23839,000	0,113	1,24 : 1	
19773,000	0,093	5830,000	0,027	25603,000	0,120	0,89 : 1	32961
18699,000	0,088	3662,000	0,017	22361,000	0,105	1,02 : 1	
16373,000	0,077	3484,000	0,016	19857,000	0,093	1,05 : 1	
16417,000	0.077	4351,000	0,020	20768,000	0,097	0,96 : 1	
16572,000	0,078	3505,000	0,016	20077,000	0,094	1,02 : 1	35365
14556,000	0,068	3272,000	0,015	17828.000	0,083	1,20 : 1	
19177,000	0,088	8021,000	0,037	27198,000	0,125	0,86 : 1	
23200,000	0,106	8058,000	0,037	31258,000	0,143	0,84 : 1	

Anlage II.

Tabelle A.

Laufende No.	Datum des Versuches	Wetter	Wind	Höchste	Niedrigste	Mittlere	Wassertemperatur Einlauf	Ablauf
				Lufttemperatur				
1.	17.—18. Februar 1899.	Sehr trübe und dunstig aber ohne Niederschläge.	N., NO., SO., SO.	$+ 7^0$	$+ 4^0$	$+ 5,5^0$	$12,0^0$	$11,7^0$
2.	20.—21. Februar 1899.	Trocken.	NW., NW., NW., NO.	$+ 9^0$	$- 0,5^0$	$+ 3,2^0$	$11,1^0$	$10,4^0$
3.	27.—28. Februar 1899.	Hell und trocken.	SO., O., N., N.	$+ 2^0$	$- 8^0$	$- 2,8^0$	$10,3^0$	$9,7^0$
4.	2.—3. März 1899.	Am Tage trocken, in der Nacht ganz unbedeutender Regen 0,1 mm.	W., NW., NW., W.	$+ 8,5^0$	$+ 5^0$	$+ 6,3^0$	$10,6^0$	$10,3^0$
5.	6.—7. März 1899.	Trocken und kalt.	SW., SW., NW. S.	$+ 10^0$	$- 3^0$	$+ 0,6^0$	$10,4^0$	$9,8^0$
6.	13.—14. März 1899.	Trocken, am Tage sonnig, in der Nacht Frost.	SO., S., SW., SO.	$+ 12^0$	$- 2^0$	$+ 2,8^0$	$11,2^0$	$10,6^0$
7.	20.—21. März 1899.	Zeitweise leichter Schneefall.	NW., NW., NO., NO.	$+ 5^0$	$- 10^0$	$- 3,3^0$	$10,3^0$	$9,6^0$
8.	23.—24. März 1899.	Mittag schwaches Thauwetter, sonst trocken u. kalt.	NW., NW., NW., NW.	$+ 4^0$	$- 8^0$	$- 3,8^0$	$10,4$	$9,6^0$
9.	27.—28. März 1899.	In den ersten Stunden ganz schwacher Regen, dann trocken 0,7 mm	W., SO., S., SW.	$+ 12^0$	$+ 3^0$	$+ 6,5^0$	$10,2^0$	$9,5^0$
10.	5.—6. April 1899.	Am Tage einige schwache Regenfälle 1,1 mm.	W. NW., NW., SW.	$+ 12,5^0$	$+ 6^0$	$+ 8,3^0$	$12,0^0$	$11,1^0$
11.	11.—12. April 1899.	Am 11. Vormittags einigemal leichter Regen, dann trocken, 1,0 mm.	W., NW., NW., NW.	$+ 8^0$	$+ 1,0^0$	$+ 4,1^0$	$11,3^0$	$10,8^0$

Durchflussgeschwindigkeit 8 mm.

Wasser-menge	Schlammmenge		Suspendirte organische Stoffe			Durch-flussge-schwindig-keit	Pegel-stand	Wasser-menge per Secunde
	im Ganzen	auf 1000 cbm	Ein-lauf	Ab-lauf	Abnahme in pCt.			der Leine
cbm	cbm	cbm	mg i. l.	mg i. l.		mm		cbm
3240	8	2,47	297	159	46,4	8,3	52,00	> 40
3196	8	2,50	324	173	46,6	8,3	51,88	> 40
3180	6,5	2,04	289	114	60,5	8,2	51,75	> 40
3154	6,5	2,06	283	117	58,6	8,2	51,78	> 40
3137	6,5	2,07	322	137	57,4	8,1	51,81	> 40
3193	8,0	2,51	374	162	56,6	8.2	51,78	> 40
3144	6,8	2,16	335	124	63,0	8,1	51,70	36,0
3182	6,3	1,98	291	129	55,7	8,1	51,69	35,2
3150	6,7	2,13	243	118	51,4	8,1	51,68	34,4
3240	7,5	2,31	293	149	49,1	8,2	51,72	> 40
3240	7,0	2,16	273	128	53,1	8,2	52,12	> 40

Tabelle B.

Laufende No.	Datum des Versuches	Wetter	Wind	Höchste Lufttemperatur	Niedrigste	Mittlere	Wassertemperatur Einlauf	Ablauf
1.	5.—6. Mai 1899.	Trocken.	N., NO., N., NO.	$+ 17,5^0$	$- 1,5^0$	$+ 7,3^0$	$11,9^0$	$11,0^0$
2.	8.—9. Mai 1899.	Warm und trocken.	N., SO., S., SO.	$+ 22,5^0$	$+ 7,5^0$	$+ 12,8^0$	$12,7^0$	$11,9^0$
3.	16.—17. Mai 1899.	Gegen Abend einige kurze Regenschauer, sonst trocken.	W., W., SW., S., W.	$+ 20^0$	$+ 8^0$	$+ 12,8^0$	$13,6^0$	$13,1^0$
4.	19.—20. Mai 1899.	Warm, sonnig und troken.	W., NW., SW., SO.	$+ 24,5^0$	$+ 11^0$	$+ 17,5^0$	$14,2^0$	$13,8^0$
5.	24.—25. Mai 1899.	Am Nachmittag ein kurzer Regenschauer, sonst trocken.	SO., NW., O., SO.	$+ 23^0$	$+ 8^0$	$+ 14,3^0$	$12,9^0$	$12,5^0$
6.	29.—30. Mai 1899.	Trocken.	NW., N., N., N., W.	$+ 18^0$	$+ 7^0$	$+ 12^0$	$13,7^0$	$13,1^0$
7.	1.—2. Juni 1899.	Trocken.	NW., NO., S., SO.	$+ 23^0$	$+ 7,5^0$	$+ 15,6^0$	$13,8^0$	$13,4^0$
8.	5.—6. Juni 1899.	Heiss und trocken.	NW., NW., N., S., SW.	$+ 26,5^0$	$+ 9,5^0$	$+ 18,1^0$	$14,8^0$	$14,7^0$
9.	8.—9. Juni 1899.	Trocken.	NW., SO., N., NW.,	$+ 23^0$	$+ 5,5^0$	$+ 14,3^0$	$14,8^0$	$14,4^0$
10.	12.—13. Juni 1899.	Nachts von 2 bis 5 Uhr Regen sonst trocken.	N., NW., W., NW.	$+ 20^0$	$+ 10^0$	$+ 13,1^0$	$14,5^0$	$14,0^0$
11.	15.—16. Juni 1899.	Trocken.	N., W., NO., NO., O.	$+ 24^0$	$+ 10^0$	$+ 16,5^0$	$14,5^0$	$14,0^0$

Durchflussgeschwindigkeit 6 mm.

| Wasser-menge | Schlammmenge | | Suspendirte organische Stoffe | | | Durch-flussge-schwindig-keit | Pegel-stand | Wasser-menge per Secunde |
| | im Ganzen | auf 1000 cbm | Ein-lauf | Ab-lauf | Abnahme in pCt. | | | der Leine |
cbm	cbm	cbm	mg i. l.	mg i. l.		mm		cbm
2542	5,5	2,16	225	104	53,3	6,1	51,99	> 40
2576	5,0	1,94	260	122	53,0	6,2	51,96	> 40
2465	5,5	2,23	250	115	54,1	6,0	52,18	> 40
2462	5,0	2,13	236	110	53,4	6,0	52,00	> 40
2462	5,5	2,23	277	123	55,2	6,0	51,86	> 40
2556	7,0	2,74	258	124	51,9	6,1	52,37	> 40
2495	5,0	2,00	256	111	56,6	6,1	51,96	> 40
2542	6,75	2,66	258	126	51,1	6,1	51,69	35,2
2576	4,75	1,84	256	91	64,4	6,1	51,59	29,9
2480	7,75	3,12	301	112	62,7	6,0	51,63	31,8
2480	5,75	2,32	300	116	61,3	6,0	51,74	> 40

Anlage III.

Datum 1899	Versuch	Dauer des Versuchs	Probenentnahme beim Ein- und Auslauf	Anzahl der Proben	Beginn der Entnahme Einlauf	Auslauf	Geschwindigkeit in mm	Gesammt feste Stoffe Einlauf (mg i. l.)	Auslauf (mg i. l.)	Gesammt Mineralstoffe Einlauf (mg i. l.)	Auslauf (mg i. l.)
										I. Klärversuche in einem	
										A. Versuche mit	
17. Febr.	1	24 Std.	stündl.	je 24	7²⁰	9	8	1621	1397	1093	1022
20. „	2	„	„	„	8⁴⁰	11²⁰	8	1616	1415	1119	1027
27. „	3	„	„	„	6²⁰	8	8	1568	1367	1046	986
2. März	4	„	„	„	6²⁰	8	8	1611	1351	1127	1034
6. „	5	„	„	„	6²⁰	8	8	1734	1390	117)	1021
13. „	6	„	„	„	8²⁰	10	8	1737	1449	1125	1034
20. „	7	„	„	„	8²⁰	10	8	1666	1354	1090	976
23. „	8	„	„	„	8²⁰	10	8	1798	1518	1230	1117
27. „	9	„	„	„	8²⁰	10	8	1709	1448	1193	1068
5. April	10	„	„	„	8²⁰	10	8	1556	1341	1057	952
11. „	11	„	„	„	8²⁰	10	8	1616	1384	1095	1002
						Summe		18232	15414	12345	11239
						Durchschnitt		1657	1401	1122	1022
										B. Versuche mit	
5. Mai	1	24 Std.	stündl.	je 24	8	10²⁰	6	1612	1433	1152	1096
8. „	2	„	„	„	8	„	6	1502	1311	1035	979
16. „	3	„	„	„	8	„	6	1527	1304	1060	949
19. „	4	„	„	„	8	„	6	1501	1300	1084	1010
24. „	5	„	„	„	8	„	6	1582	1336	1097	999
29. „	6	„	„	„	8	„	6	1486	1284	1032	950
1. Juni	7	„	„	„	8	„	6	1474	1278	1042	964
5. „	8	„	„	„	8	„	6	1548	1276	1088	951
8. „	9	„	„	„	8	„	6	1526	1268	1050	946
12. „	10	„	„	„	8	„	6	1539	1228	1050	928
15. „	11	„	„	„	8	„	6	1492	1250	1018	950
						Summe		16789	14268	11708	10722
						Durchschnitt		1526	1297	1064	975
										C. Versuche mit	
19. Juni	1	24 Std.	stündl.	je 24	7	10⁴⁰	4	1409	1088	989	814
22. „	2	„	„	„	7	„	4	1387	1217	1007	933
26. „	3	„	„	„	7	„	4	1458	1237	1004	919
29. „	4	„	„	„	7	„	4	1463	1231	1026	922
5. Juli	5	„	„	„	7	„	4	1222	1030	870	785
						Summe		6939	5803	4896	4373
						Durchschnitt		1388	1161	979	875

Gesammt organische Stoffe.		Gelöste organische Stoffe.		Suspendirte organische Substanzen.		Differenz an suspendirten organischen Stoffen	Abnahme in Procenten	Bemerkungen
Einlauf	Auslauf	Einlauf	Auslauf	Einlauf	Auslauf			
mg i. l.		mg i. l.		mg i. l.		mg i. l.		

50 m langen Klärbecken.

8 mm Geschwindigkeit.

Einlauf	Auslauf	Einlauf	Auslauf	Einlauf	Auslauf	Differenz	Abnahme %	
528	361	231	216	297	159	138	46,4	
485	388	173	215	324	173	151	46,6	
522	381	233	266	289	114	175	60,5	
484	317	200	200	283	117	166	58,6	
564	368	242	231	322	137	185	57,4	
611	415	237	252	374	162	212	56,6	
576	378	240	254	335	124	211	63,0	
568	401	276	272	291	129	162	55,7	
516	379	273	261	243	118	125	51,4	
498	389	205	239	293	149	144	49,1	
520	381	247	253	273	128	145	53,1	
5872	4158	2557	2659	3324	1510	1814		
534	378	232	242	302	137	165	54,6	

6 mm Geschwindigkeit.

Einlauf	Auslauf	Einlauf	Auslauf	Einlauf	Auslauf	Differenz	Abnahme %	
460	337	235	233	225	104	121	53,3	
467	332	206	209	260	122	138	53,0	
467	355	217	240	250	115	135	54,0	
417	290	180	180	236	110	126	53,4	
485	336	208	212	277	123	153	55,2	
455	334	196	209	258	124	134	51,9	
431	314	175	203	256	111	145	56,6	
460	325	202	199	258	126	132	51,1	
476	322	219	230	256	91	165	64,4	
489	299	187	187	301	112	189	62,7	
474	300	173	183	300	116	184	61,3	
5081	3544	2198	2285	2877	1254	1622		
462	322	200	208	261	114	147	56,3	

4 mm Geschwindigkeit.

Einlauf	Auslauf	Einlauf	Auslauf	Einlauf	Auslauf	Differenz	Abnahme %	
420	274	150	163	270	111	159	58,8	
380	284	195	205	185	79	107	57,8	
454	318	205	211	249	107	142	57,0	
437	309	198	197	239	112	127	53,1	
352	245	128	139	224	106	118	52,6	
2043	1430	876	915	1167	515	653		
408	286	175	183	233	103	130	56,2	

Datum 1899	Versuch	Dauer des Versuchs	Probenentnahme beim Ein- und Auslauf	Anzahl der Proben	Beginn der Entnahme		Geschwindigkeit in mm	Gesammt feste Stoffe mg i. l.		Gesammt Mineralstoffe mg i. l.	
					Einlauf	Auslauf		Einlauf	Auslauf	Einlauf	Auslauf

II. Klärversuche mit einem

A. Versuche mit

Datum 1899	Versuch	Dauer des Versuchs	Probenentnahme beim Ein- und Auslauf	Anzahl der Proben	Beginn der Entnahme — Einlauf	Beginn der Entnahme — Auslauf	Geschwindigkeit in mm	feste Stoffe Einlauf	feste Stoffe Auslauf	Mineralstoffe Einlauf	Mineralstoffe Auslauf
17. Juli	1	24 Std.	stündl.	je 24	6	11^{20}	4	1466	1109	1088	877
20. „	2	„	„	„	6	„	4	1400	1140	1003	862
24. „	3	„	„	„	6	„	4	1292	1077	941	838
27. „	4	„	„	„	6	„	4	1305	1038	935	806
31. „	5	„	„	„	6	„	4	1421	1144	1005	877
3. Aug.	6	„	„	„	6	„	4	1448	1175	1015	901
7. „	7	„	„	„	6	„	4	1395	1076	996	834
10. „	8	„	„	„	6	„	4	1414	1148	988	875
15. „	9	„	„	„	6	„	4	1477	1178	1013	888
18. „	10	„	„	„	6	„	4	1415	1142	943	852
							Summe	14033	11227	9927	8610
							Durchschnitt	1403	1123	993	861

B. Versuche mit

Datum 1899	Versuch	Dauer des Versuchs	Probenentnahme beim Ein- und Auslauf	Anzahl der Proben	Beginn der Entnahme — Einlauf	Beginn der Entnahme — Auslauf	Geschwindigkeit in mm	feste Stoffe Einlauf	feste Stoffe Auslauf	Mineralstoffe Einlauf	Mineralstoffe Auslauf
21. Aug.	1	24 Std.	stündl.	je 24	6	9^{30}	6	1458	1203	1001	912
23. „	2	„	„	„	6	„	6	1420	1204	936	858
25. „	3	„	„	„	6	„	6	1409	1181	980	880
28. „	4	„	„	„	6	„	6	1354	987	894	727
30. „	5	„	„	„	6	„	6	1321	1055	915	798
1. Sept.	6	„	„	„	6	„	6	1235	1052	856	788
4. „	7	„	„	„	6	„	6	1414	1209	956	896
6. „	8	„	„	„	6	„	6	1475	1240	1015	910
12. „	9	„	„	„	6	„	6	1391	1154	952	850
13. „	10	„	„	„	6	„	6	1386	1190	940	874
15. „	11	„	„	„	6	„	6	1423	1097	979	833
18. „	12	„	„	„	6	„	6	1442	1080	954	802
							Summe	16728	13655	11378	10128
							Durchschnitt	1394	1138	948	844

III. Resultate der einzelnen Durchschnitts-

Zeit der Entnahme.

Datum 1899	Versuch	Dauer des Versuchs	Probenentnahme beim Ein- und Auslauf	Anzahl der Proben	Beginn der Entnahme — Einlauf	Beginn der Entnahme — Auslauf	Geschwindigkeit in mm	feste Stoffe Einlauf	feste Stoffe Auslauf	Mineralstoffe Einlauf	Mineralstoffe Auslauf
27. Febr.	—	24 Std.	stündl.	je 4	6^{20}—9^{20}	8 —11	8	1272	1196	890	888
					10^{20}—1^{20}	12— 3	8	2100	1680	1258	1136
					2^{20}—5^{20}	4— 7	8	2006	1654	1204	1070
					6^{20}—9^{20}	8—11	8	1660	1420	1172	1086
					10^{20}—1^{20}	12— 3	8	1386	1330	976	976
					2^{20}—5^{20}	4— 7	8	988	924	778	760
							Summe	9412	8204	6278	5916
							Tagesdurchschnitt	1568	1367	1046	986

Gesammt organische Stoffe.		Gelöste organische Stoffe.		Suspendirte organische Substanzen.		Differenz an suspendirten organischen Stoffen	Abnahme in Procenten	Bemerkungen.
Einlauf	Auslauf	Einlauf	Auslauf	Einlauf	Auslauf			
mg i. l.		mg i. l.		mg i. l.		mg i. l.		

5 m langen Klärbecken.

.mm Geschwindigkeit.

378	232	190	153	188	79	109	57,9	
397	278	169	194	228	84	144	63,2	
351	239	155	161	196	79	117	59,7	
370	233	155	154	215	79	136	63,2	
417	267	176	178	241	89	152	63,0	
433	274	197	198	237	76	160	67,7	
399	243	165	178	234	65	169	72,2	
425	273	206	179	219	94	125	57,0	
464	290	200	191	264	99	165	62,5	
472	290	211	180	261	110	151	57,8	
4106	2619	1824	1766	2283	854	1428		
411	262	182	177	228	85	143	62,7	

.mm Geschwindigkeit.

457	291	211	217	246	74	172	70,0	
484	349	220	235	264	114	150	56,8	
429	301	175	207	254	94	160	63,0	
460	260	169	172	291	88	203	69,7	
406	257	163	172	243	85	158	65,0	
379	264	177	172	202	92	110	54,4	
458	313	208	202	250	111	139	55,6	
463	330	189	208	271	122	149	54,9	
439	304	216	223	223	81	142	63,6	
446	316	218	232	228	84	144	63,1	
444	264	196	165	248	99	149	60,08	
488	278	200	177	288	101	187	64,9	
5353	3527	2342	2382	3008	1145	1863		
446	294	195	198	251	95	155	61,7	

.roben verschiedener Versuchstage.

382	308	180	202	202	106	96	47,5	
842	544	306	386	536	158	378	70,5	
802	584	330	362	472	222	250	52,9	
488	334	200	234	288	100	188	65,2	
410	354	216	254	194	100	94	48,4	
210	164	166	162	44	2	42	95,4	
3134	2288	1398	1600	1736	688	1048		
522	381	233	266	289	114	175	60,5	

Datum 1899	Versuch	Dauer des Versuchs	Probenentnahme beim Ein- und Auslauf	Anzahl der Proben	Zeit der Entnahme.		Geschwindigkeit in mm	Gesammt feste Stoffe. mg i. l.		Gesammt Mineralstoffe. mg i. l.	
					Einlauf	Auslauf		Einlauf	Auslauf	Einlauf	Auslauf
2. März	—	24 Std.	stündl.	24	6^{20}—9^{20}	8—11	8	1542	1270	1096	974
					10^{20}—1^{20}	12—3	8	2212	1652	1370	1206
					2^{20}—5^{20}	4—7	8	1846	1618	1282	1174
					6^{20}—9^{20}	8—11	8	1710	1342	1188	1074
					10^{20}—1^{20}	12—3	8	1352	1296	1006	980
					2^{20}—5^{20}	4—7	8	1004	932	822	796
					Summe			9666	8110	6764	6204
					Tagesdurchschnitt			1611	1351	1127	1034
6. März	—	24 Std.	stündl.	24	6^{20}—9^{20}	8—11	8	1492	1176	1016	884
					10^{20}—1^{20}	12—3	8	2424	1776	1436	1232
					2^{20}—5^{20}	4—7	8	1984	1610	1312	1156
					6^{20}—9^{20}	8—11	8	1900	1500	1288	1084
					10^{20}—1^{20}	12—3	8	1478	1292	1066	956
					2^{20}—5^{20}	4—7	8	1126	986	908	818
					Summe			10404	8340	7020	6130
					Tagesdurchschnitt			1734	1390	1170	1021
20. Juli	—	24 Std.	stündl.	24	6—9	11^{20}—2^{20}	4	1380	1128	980	872
					10—1	3^{20}—6^{20}	4	1680	1300	1180	956
					2—5	7^{20}—10^{20}	4	1580	1278	1076	908
					6—9	11^{20}—2^{20}	4	1716	1192	1198	862
					10—1	3^{20}—6^{20}	4	1108	976	918	814
					2—5	7^{20}—10^{20}	4	938	968	728	760
					Summe			8402	6842	6020	5172
					Tagesdurchschnitt			1400	1140	1003	862
15. Aug.	—	24 Std.	stündl.	24	6—9	11^{20}—2^{20}	4	1054	1064	766	826
					10—1	3^{20}—6^{20}	4	2066	1322	1224	986
					2—5	7^{20}—10^{20}	4	1784	1340	1206	924
					6—9	11^{20}—2^{20}	4	1584	1270	1086	972
					10—1	3^{20}—6^{20}	4	1472	1030	1088	822
					2—5	7^{20}—10^{20}	4	902	1040	706	798
					Summe			8862	7066	6076	5328
					Tagesdurchschnitt			1477	1178	1013	888
18. Aug.	—	24 Std.	stündl.	24	6—9	11^{20}—2^{20}	4	1264	1184	874	900
					10—1	3^{20}—6^{20}	4	1884	1314	1140	962
					2—5	7^{20}—10^{20}	4	1806	1356	1130	972
					6—9	11^{20}—2^{20}	4	1550	1244	1070	936
					10—1	3^{20}—6^{20}	4	1196	878	844	690
					2—5	7^{20}—10^{20}	4	790	876	602	652
					Summe			8490	6852	5660	5112
					Tagesdurchschnitt			1415	1142	943	852

| Gesammt organische Stoffe. | | Gelöste organische Stoffe. | | Suspendirte organische Substanzen. | | Differenz an suspendirten organischen Stoffen | Abnahme in Procenten | Bemerkungen. |
| Einlauf | Auslauf | Einlauf | Auslauf | Einlauf | Auslauf | | | |
mg i. l.		mg i. l.		mg i. l.		mg i. l.		
446	296	158	192	288	104	184	63,8	
842	446	336	204	506	242	264	52,1	
564	444	212	274	352	170	182	51,7	
522	268	208	192	314	76	238	75,7	
346	316	168	210	178	106	72	40,4	
182	136	118	130	64	6	58	90,6	
2902	1906	1200	1202	1002	704	998	—	
484	317	200	200	283	117	166	58,6	
476	292	222	200	254	92	162	63,7	
988	544	300	332	688	212	476	69,1	
672	454	270	256	402	198	204	50,7	
612	416	244	264	368	152	216	58,6	
418	336	248	216	170	120	50	29,4	
218	168	168	120	50	48	2	4	
3384	2210	1452	1388	1932	822	1110	—	
564	368	242	231	322	137	185	57,4	
400	256	156	180	244	76	168	68,8	
560	344	200	242	360	102	258	71,7	
504	370	234	230	270	140	130	48,1	
518	330	182	224	336	106	230	68,4	
190	162	144	160	46	2	44	95,6	
210	208	96	128	114	80	34	29,8	
2382	1670	1012	1164	1370	506	864	—	
397	278	169	194	228	84	144	63,2	
288	238	140	140	148	98	50	33,7	
842	336	236	224	606	112	494	81,3	
578	416	264	246	314	170	144	45,8	
498	298	154	212	344	86	258	75,0	
384	208	234	152	150	56	94	62,6	
196	242	176	172	20	70	50	25,0	
2786	1738	1204	1146	1582	592	—	—	
464	290	200	191	264	99	165	62,5	
390	284	148	130	242	154	88	36,3	
744	352	266	220	478	132	346	72,3	
676	384	296	284	380	100	280	73,6	
480	308	244	138	236	170	66	28,0	
352	188	188	156	164	32	132	80,4	
188	224	124	152	65	72	8	12,5	
2830	1740	1266	1080	1564	660	—	—	
472	290	211	180	261	110	151	57,8	

4.

Aus dem staatlichen Hygienischen Institut in Hamburg.

Beitrag zur Kenntniss des Oxydationsverfahrens zur Reinigung von Abwässern.

Von

Prof. Dr. **Dunbar**.

In den für die Abwasserfrage interessirten Kreisen erfreuen sich zur Zeit die sogenannten biologischen Verfahren hervorragender Beachtung. Man versteht darunter Abwasserreinigungsmethoden, die sich eng anlehnen an das Berieselungsverfahren und an die intermittirende Filtration, welch' letztere von Frankland vor reichlich 30 Jahren auf Grund experimenteller Untersuchungen später auch von Warington empfohlen wurde. Bei der intermittirenden Filtration sollen drainirtes Land oder künstlich hergestellte Filter täglich während kurzer Zeit mit Abwässern beschickt werden, in der übrigen Zeit — der sogenannten Lüftungsperiode — sich erholen, oder wie man auch wohl sagt: regeneriren. Der Reinigungsprocess wird aufgefasst als eine durch Mikroorganismen vermittelte Oxydirung der in dem Abwasser enthaltenen fäulnissfähigen Substanzen. Auch die intermittirende Filtration ist mithin, ebenso wie das Berieselungsverfahren, zu den biologischen Abwasserreinigungsverfahren zu rechnen.

Zur Zeit sucht man diese biologischen Processe mehr zu forciren, die Abwassermenge auf einer kleineren Fläche zu reinigen als es möglich war mittelst des Berieselungsverfahrens oder der Art der intermittirenden Filtration, wie sie Frankland empfahl.

Die Filter, oder Oxydationskörper werden neuerdings in wasserundurchlässige Gruben oder Becken eingebaut und bei geschlossenen Abflussröhren bis zur Oberfläche mit Abwasser gefüllt. Letzteres kann dann nach Ablauf von einer oder mehreren Stunden in gereinigtem Zustande abgelassen werden. Diese Spielart der intermittirenden Filtration wird zweckmässiger Weise als Oxydationsverfahren bezeichnet. Neben ihm kommt in erster Linie das Faulkammerverfahren in Betracht, welches darin von dem eben besprochenen Verfahren abweicht, dass die Abwässer in Faulkammern der stinkenden Fäulniss anheimfallen sollen, ehe sie auf die Oxydationskörper geleitet werden. Die nachstehenden Ausführungen beziehen sich nur auf das Oxydationsverfahren.

Wir haben uns in Hamburg seit etwa 2 Jahren mit der Prüfung des Oxydationsverfahrens befasst und recht befriedigende Ergebnisse damit erzielt. Auch in zahlreichen anderen Städten hat man den Versuch gemacht, städtische Abwässer mit dem in Rede stehenden Verfahren zu reinigen und zwar mit sehr ungleichen Resultaten. Wenn man hört und sieht, wie verschieden die betreffenden Anlagen gebaut wurden und betrieben werden, so kann man sich nicht darüber wundern, dass auch die Ergebnisse ausserordentlich verschieden ausfallen.

Ich habe den Eindruck gewonnen, als ob recht verkehrte Anschauungen über die Wirkungsweise der Oxydationskörper sehr verbreitet wären und es·deshalb für angezeigt gehalten, einige der wichtigsten einschlägigen Fragen nachstehend an der Hand von Experimenten zu erörtern, die wir im Laufe der letzten zwei Jahre ausgeführt haben.

Diese Experimente wurden zum grössten Theil in der Hamburger Klärversuchsanlage[1]) ausgeführt unter Verwendung von zum Theil sehr kleinen Oxydationskörpern. Erst jetzt, nach zweijähriger Erfahrung, erlaube ich mir die damit erzielten Ergebnisse zur Beantwortung der unten aufgeworfenen Fragen heranzuziehen, nachdem fortwährende Vergleiche mir gezeigt haben, dass in grösseren Oxydationskörpern sich die Vorgänge ebenso, nur intensiver, abspielen, als in kleinen, gleich construirten Körpern. Durch Verwendung von grösseren Anlagen lassen sich manche Fragen nicht so präcise beantworten wie an kleinen Apparaten. Erstere sind zu Vergleichs- und Controlzwecken aber unerlässlich:

Die Herren Dr. Orth und Dr. Thumm, zeitweise auch Herr Dr. Wedemeyer und Herr Voss haben mich bei der Durchführung

---

1) Eine Beschreibung dieser Klärversuchsanlage findet sich in der Deutschen Vierteljahrsschrift für öffentliche Gesundheitspflege, Bd. 31, S. 636.

dieser, zum Theil recht zeitraubenden Versuche, in aufopferndster
Weise unterstützt.

Zur Frage, ob die Zersetzung und Oxydation der Schmutzstoffe im gefüllten, oder im entleerten Oxydationskörper erfolgt.

Nach dem Stande der neueren Literatur sollte man glauben,
dass die Zersetzung der gelösten organischen Substanzen im Oxydationskörper zu der Zeit vollständig erfolge, während welcher der
Letztere mit Abwässern gefüllt steht.   Von dem entleerten Oxydationskörper scheint man nur die Zersetzung der mechanisch zurückgehaltenen ungelösten Bestandtheile zu erwarten.   Es finden sich Beschreibungen, wonach die Bacterien in den im Oxydationskörper auf-
gespeicherten Abwässern sich vertheilen und die organischen Substanzen
„herausfressen“, oder weniger vulgär ausgedrückt „in sich aufnehmen“
sollen.   Im entleerten Körper, während der sogenannten Ruheperiode,
soll unter Zutritt atmosphärischen Sauerstoffes eine starke Vermehrung
der Bacterien eintreten.   Sie sollen sich in der Ruheperiode quasi für
die nächste Beschickung des Oxydationskörpers vorbereiten   und
stärken.

Gerade die Behauptung, dass die annähernd vollständige Zersetzung der ganzen in den Abwässern enthaltenen gelösten organischen
Substanzen sich innerhalb 1 bis 2 Stunden abspielen solle, hat bei
vielen Bacteriologen Misstrauen gegen die Richtigkeit der überaus
günstigen Berichte erweckt, die von verschiedenen Seiten über das
Oxydationsverfahren erfolgten.

Es fehlte aber auch jedweder zwingende Beweis dafür, dass
diese Zersetzungsprocesse sich während der erwähnten Periode, also
in den mit Abwässern gefüllten Oxydationskörpern vollziehen.

Die Herabsetzung der Oxydirbarkeit der Abwässer spielt sich
während der Dauer des Vollstehens, nicht mit gleichmässiger Geschwindigkeit ab, sondern zum grossen Theil ganz plötzlich.   Das
geht aus folgenden Versuchen hervor:

Versuche über das Fortschreiten der Herabsetzung der
Oxydirbarkeit von Abwässern in gefüllten Oxydationskörpern.

Es wurden 6 gleich grosse Oxydationskörper aus völlig identischem Materiale hergestellt und täglich mit ein und demselben Ab-

wasser zur gleichen Zeit beschickt. Der erste Körper wurde $1/_2$ Stunde nach vollzogener Füllung entleert, der zweite nach 1 Stunde, der dritte nach 2 Stunden u. s. w., der sechste nach 12 Stunden. Die Bestimmung der Oxydirbarkeit der Abflüsse aus den Körpern ergab folgende Resultate:

	Dauer des Vollstehens Stunden	Versuchstag			
		1	2	4	6
		Kaliumpermanganatverbrauch mg pro Liter			
Rohwasser[1] [filtrirt[2]]		363	492	372	457
Abfluss aus Körper 1 (filtrirt)	$1/_2$	234	164	175	143
„ „ „ 2 „	1	141	147	163	126
„ „ „ 3 „	2	129	123	105	91
„ „ „ 4 „	4	115	111	99	80
„ „ „ 5 „	6		117	93	74
„ „ „ 6 „	12	111	70	70	63

Am ersten Versuchstage war die Oxydirbarkeit der Abflüsse aus den Oxydationskörpern nach $1/_2$ stündiger Einwirkung um etwa $1/_3$ geringer als diejenige des Rohwassers. Nach 12 stündiger Einwirkungsdauer war sie um etwa $2/_3$ geringer. Am zweiten Versuchstage betrug die Oxydirbarkeit der Abflüsse nach $1/_2$ stündiger Einwirkung des Körpers nur etwa $1/_3$ derjenigen des Rohwassers, nach 12 stündiger Einwirkungsdauer etwa $1/_7$. Aehnlich verliefen die Versuche an den folgenden Tagen.

Die Versuche wurden später wiederholt unter Verwendung von sieben aus gleichem Material und in gleicher Weise construirten Oxydationskörpern. Diesmal blieben die Abwässer im ersten Körper nur 5 Minuten stehen, im zweiten 30 Minuten, im dritten eine, im vierten zwei Stunden u. s. w. bis zu 12 Stunden. Die nachstehende Tabelle enthält die Ergebnisse, welche innerhalb 5 Minuten, 30 Minuten und 12 Stunden erzielt wurden.

---

1) Als Rohwasser haben wir das unbehandelte Abwasser bezeichnet. Es handelt sich um ein Abwasser, welches seiner Herkunft und Zusammensetzung nach den Abwässern solcher Städte entspricht, die bei einem Wasserconsum von etwa 100 Litern pro Kopf vorwiegend Haushaltungsabflüsse in die Canäle leiten.

2) Die Bestimmung der Oxydirbarkeit erfolgte bei diesen Versuchen, wie auch bei den nachstehend beschriebenen stets nach Filtration durch Filtrirpapier.

	Versuchstag	
	1	2
	Kaliumpermanganat-verbrauch mg pro Liter	
Rohwasser	318	555
Abfluss nach 5 Min.	182,4	93,5
„ „ 1/2 Std.	167,7	93,5
„ „ 12 „	104,4	48,6

Schon innerhalb 5 Minuten sinkt die Oxydirbarkeit der Abwässer am ersten Tage um 42,6 pCt., am 2. Tage um 83,2 pCt.

Bei längerer Einwirkungsdauer macht sich eine allmähliche weitere Abnahme der Oxydirbarkeit geltend. Am ersten Versuchstage hat letztere nach Ablauf von 12 Stunden um 67,2 pCt. abgenommen, am zweiten Versuchstage um 91,2 pCt.

Bei einem gut eingearbeiteten Oxydationskörper zeigt sich mithin eine plötzliche starke Abnahme der Oxydirbarkeit der Abwässer nach Contact mit dem Oxydationskörper.

Bleiben die Abwässer längere Zeit im Oxydationskörper stehen, so nimmt die Oxydirbarkeit weiter ab, jedoch in weit geringerem Maasse, als unmittelbar nach der Füllung.

Die erste plötzliche starke Abnahme der Oxdirbarkeit, — welche als Ausdruck der erfolgten Herabsetzung des Gehaltes der Abwässer an gelösten fäulnissfähigen Substanzen gelten darf — kann unmöglich auf einen directen biologischen Vorgang zurückgeführt werden. Es muss sich hier um andere Einflüsse handeln.

Andere unsererseits gemachte Beobachtungen bestärken mich in dieser Annahme. Z. B. die Ergebnisse des folgenden Versuches.

Vergleich der Oxydirbarkeit von Abwässern, welche in einem Oxydationskörper eine Stunde gestanden hatten mit der Oxydirbarkeit derselben Abwasserproben, nach schnellem Durchfluss durch denselben Oxydationskörper.

Aus einem mit Abwasser gefüllten Sammelbecken wurde ein Oxydationskörper gefüllt, nach einer Stunde entleert, darauf in ununterbrochenem Strome mit einer Abwassermenge beschickt, die im Stande war, den Oxydationskörper fünf mal zu füllen. Der Oxydationskörper war während der ganzen Zeit bis zur Oberfläche mit Abwässern gefüllt.

	Roh-wasser	nach einstündigem Stehen im Oxydations-körper	Abfluss				
			nach Durchlaufen des Oxydationskörpers				
			1. Füllung	2. Füllung	3. Füllung	4. Füllung	5. Füllung
Kaliumpermanga-natverbrauch mg pro Liter . . .	406	178	142	136	276	295	339
Abnahme der Oxy-dirbarkeit in Pro-centen		56,2	65	66,5	32	27,3	16,5
Geruch	fäca-lisch	moderig	moderig	moderig	schwach fäcalisch	fäcalisch	fäcalisch

Die Tabelle zeigt, wie die Herabsetzung der Oxydirbarkeit selbst bei Abwässern, die innerhalb weniger Minuten durch den Oxydations-körper hindurchlaufen, sogar nach der zweiten Füllung noch eine sehr erhebliche ist, und erst von der dritten Füllung an beginnt, deutlich zurückzugehen. Auch die riechenden Substanzen wurden bis zur zweiten Füllung noch im Körper festgehalten, nachher durchgelassen.

Das sieht nicht aus, wie eine directe Zersetzung der fäulniss-fähigen gelösten Substanzen durch Mikroorganismen im gefüllten Oxydationskörper, sondern es handelt sich hier offenbar um Vorgänge, die man als Absorptionswirkung zu bezeichnen pflegt. Sobald die letzteren in Bodenproben oder anderen absor-birenden Materialien erschöpft sind, lassen diese die zugeleiteten ge-lösten absorbirbaren Stoffe unverändert durch. Erst nach Regenerirung der Absorptionskraft vermag der Boden wieder zu absorbiren.

Wie erklärt sich aber die Beobachtung, dass die Herabsetzung der Oxydirbarkeit im gefüllten Oxydationskörper im Laufe der Stun-den wenn auch in geringem, so doch in fortschreitendem Maasse zu-nimmt? Folgender Versuch schien dafür eine annehmbare Erklärung zu enthalten.

Versuche über die Absorptionswirkung von Oxydations-körpern.

Eine stark gefärbte wässerige Lösung von Methylviolett, — ein Farbstoff, der bekanntlich bei Demonstrationen über den Nachweis der Absorptionswirkung von Bodenproben mit Vorliebe benutzt wird —

läuft durch einen Oxydationskörper hindurch ohne völlig entfärbt zu werden. Die Abflüsse zeigen eine noch recht intensive Färbung. Lässt man die Farblösung dagegen 2 Stunden in dem Körper stehen, so erhält man annähernd völlig entfärbte Abflüsse.

In bacterienreichen Abwässern bleibt dieselbe Farblösung während einer gleich langen Dauer völlig unverändert. Ihre Entfärbung in dem Oxydationskörper ist also nicht auf die reducirende Thätigkeit von Mikroorganismen allein zurückzuführen. Lässt man die Abwässer jedoch eine Reihe von Tagen auf die in Rede stehende Farblösung einwirken, so tritt eine allmähliche Entfärbung derselben ein und bei intensivem Schütteln unter Luftzutritt tritt die Färbung nur in sehr geringem Maasse wieder auf. Hiernach eignet sich die Methylviolett-lösung zur Beantwortung der aufgeworfenen Frage nicht besonders gut.

Versuche mit Methylenblau ergaben Resultate, welche sich besser verwerthen lassen: Eine wässrige intensiv gefärbte Methylen-blaulösung wird durch einfaches Hindurchlaufen durch den Oxydations-körper stark entfärbt und grünlich verfärbt. Lässt man die Farb-lösung im Oxydationskörper 2 Stunden lang stehen, so zeigen sich die Abflüsse annähernd völlig entfärbt.

Setzt man eine Probe derselben Methylenblaulösung einer Ab-wasserprobe hinzu, so wird sie hierin innerhalb eines Tages fast völlig, innerhalb 2 Tagen vollständig entfärbt. Schüttelt man aber die Abwasserprobe unter Luftzutritt, so nimmt sie sofort wieder eine intensiv-blaue Farbe an. Auch nach wochenlanger Einwirkung thut sie das noch.

Anders verhalten sich die durch den Oxdydationskörper ge-schickten Proben. Diese verfärben sich bei intensivem Schütteln unter Luftzutritt nicht. Hier war mithin der Farbstoff nicht wie in der Abwasserprobe durch Bacterienwirkung reducirt, sondern er war durch Absorptionswirkung im Oxydationskörper zurückgehalten. Und zwar war der Effekt der Absorptionswirkung ein um so grösserer, je länger die Probe im Oxydationskörper verblieb.

Versuche mit Fuchsin, Lackmus und anderen Substanzen ver-liefen in derselben eindeutigen Weise.

Aus obigen Versuchen lässt sich der Schluss ziehen, dass wir bei dem Oxydationsverfahren mit erheblichen Absorptionswirkungen zu rechnen haben, und dass der Effect dieser Absorptionswirkungen zunimmt, wenn das zu reinigende Abwasser längere Zeit in dem Oxydations-körper steht.

Nach dem Ausfall der bisher besprochenen Versuche kann nicht daran gezweifelt werden, dass die Herabsetzung der Oxydirbarkeit, welche die Abwässer im Oxydationskörper erfahren, die Ausscheidung der gelösten organischen Substanzen, die Befreiung der Abwässer von ihrem Geruch und von der Fäulnissfähigkeit zum grossen Theile zuzückzuführen sind auf Absorptionswirkungen, also auf eine chemisch-physikalische Ausfällung dieser Substanzen aus der Lösung und Bindung derselben an die Oberfläche des Materials, aus dem der Oxydationskörper aufgebaut ist.   Lässt man die Abwässer durch den Oxydationskörper eine gewisse, beschränkte Zeit lang einfach hindurch laufen, so fliessen sie, wenn der Oxydationskörper gut eingearbeitet, oder wie die Engländer sagen „reif" ist, in Folge der Absorptionswirkungen unten sofort mit einem erheblich höheren Reinheitsgrade, in einem Zustande ab, in dem sie nicht mehr im Stande sind, der stinkenden Fäulniss anheimzufallen.   Lässt man den Oxydationskörper aber länger einwirken, so wird der Reinigungseffect ein noch grösserer, was zum Theil sicher ebenfalls auf Absorptionswirkungen zurückzuführen ist.

Dass aber ausser diesen letzteren auch noch andere Kräfte im gefüllten Oxydationskörper in nachweisbarem Maasse in Wirkung treten, mögen folgende Versuche zeigen.

Kohlensäurebildung im gefüllten Oxydationskörper.

Nach früheren unsererseits ausgeführten Untersuchungen[1] enthielt das Abwasser beim Einlauf in den Oxydationskörper freie Kohlensäure überhaupt nicht.   Nach Eintritt in den Körper sofort 63,8 mg pro Liter und $4^1/_2$ Stunden später 115,1 mg.   Also eine etwa doppelt so grosse Menge.

Um über diesen Vorgang weitere Aufschlüsse zu erhalten, wurde folgender Versuch angestellt:

7 Oxydationskörper wurden unter Verwendung des Materials aus einem grösseren, gut eingearbeiteten Oxydationskörper hergestellt und mehrere Tage regelmässig in Betrieb gehalten, d. h. täglich einmal mit Abwässern gefüllt und 4 Stunden später entleert.   Darauf wurden sie mit einer grösseren Menge von Abwässern energisch ausgespült. Nachdem fast sämmtliche auswaschbare Kohlensäure aus ihnen entfernt war, blieben die Oxydationskörper mit demselben Abwasser ge-

---

1) l. c. Seite 659.

füllt stehen, und zwar der erste 5 Minuten, der zweite eine halbe Stunde u. s. w. bis 12 Stunden. Das Ergebniss der Kohlensäurebestimmungen war folgendes:

	Dauer des Voll- stehens	Kohlensäure mg in Liter			Per- manga- nat- verbrauch mg i. Liter	Herab- setzung der Oxydir- barkeit in Proc.
		ganz gebunden	frei und halb gebunden	frei		
Rohwasser		101,2	132	30,8	397,5	
Oxydationskörper						
No. 1	5 Min.	110	178,9	68,9	82,6	79,2
„ 2	30 Min.	112	208,3	96,3	82,6	79,2
„ 3	1 Std.	110	214,1	104,1	82,6	79,2
„ 4	2 „	101	217,1	116.1	81	79,7
„ 5	3 „	112,2	243,5	131,3	80	79,9
„ 6	6 „	114,4	249,3	134,9	84,5	78,8
„ 7	12 „	116,6	272,8	156,2	80	79,9

Die Abflüsse, welche entnommen wurden kurz vorher, ehe der Durchfluss sistirt wurde, zeigten einen Kohlensäuregehalt, der bei sämmtlichen Oxydationskörpern bis auf einige mg übereinstimmte. Wenn also bei den verschiedenen Körpern sich ein wachsender Kohlensäuregehalt ergab in dem Maasse, wie sie länger mit Abwässern gefüllt stehen blieben, so musste in dem gefüllten Körper Kohlensäure gebildet sein. Obige Tabelle zeigt, dass sich in dem mit Abwässern gefüllten Oxydationskörper ganz gebundene Kohlensäure in kaum nennenswerthem Maasse bildete, freie und halbgebundene Kohlensäure dagegen in recht erheblicher Menge. In dem mit Abwässern gefüllten Oxydationskörper spielen sich hiernach ausser Absorptionswirkungen auch Zersetzungsprocesse ohne Zweifel ab. Die letzteren nehmen aber, wie noch gezeigt werden soll, im entleerten Körper eine unvergleichlich grössere Intensität an.

Ehe ich auf den letzteren Punkt näher eingehe, möchte ich auf folgende in der vorstehenden Tabelle mit angeführten Untersuchungsergebnisse hinweisen, welche gleichzeitig mit den besprochenen Kohlensäurewerthen gewonnen wurden.

Die Abwässer, welche zur Ausspülung und Füllung der oben beschriebenen Oxydationskörper dienten, hatten an dem in Frage stehenden Versuchstage eine Oxydirbarkeit von 397,5 mg Permanganatverbrauch im Liter, nach 5 minutenlangem Stehen zeigten die Abflüsse eine solche von 82,6. Nach längerem Stehen nicht, — wie man nach den früher mitgetheilten Erfahrungen wohl erwarten könnte, — eine geringere Oxydirbarkeit, sondern letztere zeigt sich sogar nach 12 stündiger Einwirkungsdauer im Vergleich mit den innerhalb 5 Minuten erhaltenen Resultaten fast unverändert.

Diese Beobachtung ist in hervorragendem Maasse geeignet, die weiter oben dargelegte Auffassung zu stützen, dass die Abnahme der Oxydirbarkeit zum grössten Theil auf Absorptionswirkungen zurückzuführen ist. Durch fortgesetztes Ausspülen der Oxydationskörper mit Abwässern war nämlich ihre Absorptionskraft bis zu solchem Grade erschöpft, dass durch einen längeren Contact der Abwässer mit dem Oxydationskörper eine Steigerung der Wirkung nicht mehr erzielt werden konnte.

Andererseits schienen die Ergebnisse darauf hinzuweisen, dass bei den eben nachgewiesenen sich im gefüllten Körper abspielenden Zersetzungsvorgängen nicht die in der Flüssigkeit enthaltenen oxydirbaren Substanzen angegriffen werden, sondern nur die vorher niedergeschlagenen oder absorbirten Substanzen.

Es mag hier noch erwähnt sein, dass unsere, — übrigens noch nicht abgeschlossenen — Untersuchungen über das Verhalten der Keimzahl im gefüllten Oxydationskörper, im Vergleich zu den entleerten Körpern, ebenfalls in keiner Weise die Richtigkeit der Eingangs dargelegten Auffassungsart bestätigen, wonach die gelösten organischen Substanzen im gefüllten Oxydationskörper durch die Bacterien aus den Abwässern „herausgefressen" werden sollten. Einschlägige, unter Anwendung von Desinfectionsmitteln ausgeführte Untersuchungen sollen bei anderer Gelegenheit näher besprochen werden.

Untersuchungen über die Zersetzungsvorgänge im entleerten Oxydationskörper.

Beurtheilung der Zersetzungsenergie.

Wenn nach dem Gesagten die gelösten organischen Substanzen aus den Abwässern zunächst nur niedergeschlagen, vom Oxydationskörper festgehalten und nur zum kleinsten Theile gleich zerstört werden, so muss die sogenannte Lüftungsperiode, d. h. die Zeit, in welcher der Oxydationskörper entleert ist, von ganz hervorragender Bedeutung sein für die Zersetzung der organischen Substanzen. Andernfalls müsste ja eine Verschlammung und Verstopfung des Körpers sehr bald eintreten.

Die von gewissen Seiten ausgesprochene Auffassung, die Oxydationskörper würden ihre ursprüngliche quantitative Leistungsfähigkeit ad infinitum beibehalten ohne Reinigung, ist natürlich übertrieben, und in keiner Weise gerechtfertigt. Dass bei der Verwesung, der Eremacausis, die im Oxydationskörper angestrebt wird, weniger Rückstände verbleiben als bei der Fäulniss, der Putrefactio, ist zwar richtig. Die Abwässer enthalten aber selbst nach sorgfältiger Ausscheidung der Sinkstoffe und Fernhaltung der gröberen schwebenden Schmutzstoffe von dem Oxydationskörper, grössere Mengen von Stoffen, die sich nicht völlig verflüssigen und verflüchtigen lassen, die also eine Verstopfung der Körper mit der Zeit bewirken werden. Schliesslich leisten die Vorgänge im Oxydationskörper den Verwitterungsprocessen der Gesteine in hohem Maasse Vorschub.

Wir werden uns also damit begnügen müssen, die Construction und den Betrieb der Oxydationskörper so zu leiten, dass wenigstens dasjenige zur Verwesung gebracht wird, was der Verwesung zugänglich ist. Es fragt sich nun, welche Anhaltspunkte sich uns bieten für die Beurtheilung der Intensität, mit welcher sich diese Zersetzungsprocesse abspielen. Die Beobachtungen über Herabsetzung der Oxydirbarkeit können nach dem oben Gesagten in dieser Richtung zu sicheren Schlüssen nicht führen.

1. Kohlensäureproduction.

Die Agriculturchemiker pflegen den Grad der Zersetzung organischer Substanzen im Boden nach der Intensität der Kohlensäureproduction zu bemessen. Es ist dieses eine Prüfungsmethode, die, wie weiter unten gezeigt werden wird, auch für unsere Versuche grossen Werth hat, die aber andererseits in der üblichen einseitigen Anwendungsweise zu verhängnissvollen Fehlschlüssen Anlass geben kann.

Wollny[1]) stellte durch höchst interessante Versuche fest, dass der Kohlensäuregehalt der Bodenluft unter gleichen äusseren Verhältnissen als Maassstab für die Intensität der Verwesungsprocesse angesehen werden kann, die sich in den betreffenden Bodenproben abspielen. In dem Maasse, wie dem Boden mehr organische Substanzen geboten werden, wächst auch die Kohlensäureproduction. Beim Ueber-

---

1) Wollny, Die Zersetzung der organischen Stoffe und die Humusbildungen. Heidelberg 1897. Seite 100.

schreiten einer gewissen Grenze des Kohlensäuregehaltes hörte aber bei Wollny's Versuchen die Kohlensäureproduction auf. Wollny meinte, diese Erscheinung könne keineswegs darauf beruhen, dass der zu der Zersetzung erforderliche Sauerstoff bei seinen Versuchen mangelte. Denn nach Abzug des Volumens der entwickelten Kohlensäure sei noch ein genügendes Luftquantum in seinen Apparaten disponibel gewesen. Nur die angesammelte Kohlensäuremenge konnte, wie Wollny annahm, die Thätigkeit der Mikroorganismen gehemmt und dadurch die weitere Kohlensäureproduction gehindert haben.

Auf Grund der nachstehend beschriebenen Versuche möchte ich aber doch annehmen, dass die von Wollny gemachten Beobachtungen über Sistirung der Kohlensäureproduction auf eine Erschöpfung des dargebotenen Sauerstoffvorrathes zurückzuführen sind: Aus verschiedenen Oxydationskörpern wurde Material in tubulirte 5-Literflaschen gebracht und mit Abwässern gefüllt. Nach 4stündigem Stehen wurden die Flaschen entleert unter Zuleitung einer von Kohlensäure befreiten Luft von 20,7 pCt. Sauerstoffgehalt. Die Flaschen blieben darauf unter dichtem Verschluss der Zu- und Abflussöffnungen 6 Stunden leer stehen. Die nach Ablauf dieser Zeit aus den Flaschen entnommenen Luftproben verloren nach vorheriger Absorption der Kohlensäure durch Kalilauge beim Ueberleiten über pyrogallussaures Kalium in keinem Falle an Volumen. Obgleich die Flaschen ein erhebliches Luftquantum aufwiesen, so war diese Luft doch schon nach Ablauf von 6 Stunden völlig frei von Sauerstoff. Dagegen enthielten die in Frage stehenden Luftproben 6,4 bezw. 7,5, bezw. 9,1 pCt. freie Kohlensäure[1]). Gelegentlich haben wir bis zu reichlich 35 pCt. Kohlensäure in der Luft des Oxydationskörpers gefunden, d. h. erheblich mehr, als Wollny bei seinen Experimenten fand. Die bei seinen Versuchen angehäufte Kohlensäuremenge konnte also den Fortgang der Kohlensäureproduction nicht gehemmt haben.

Nach diesen Ergebnissen muss man bei der Beurtheilung der Intensität der Zersetzungsvorgänge an der Hand der Kohlensäureproduction Rücksicht nehmen auf die Frage, ob auch während des ganzen Versuches genügender Sauerstoff vorhanden war.

Auch nach einer anderen Richtung hin muss man bei Verwerthung der in Betreff der Kohlensäureproduction festgestellten Zahlen eine gewisse Vorsicht üben, das zeigen die Ergebnisse des folgenden Versuchs:

---

1) Sämmtliche gasanalytischen Daten sind auf 0° und 760 mm corrigirt.

Zwei Oxydationskörper, von denen der eine aus Cokes (3—5 mm Korngrösse), der andere aus Kies von gleicher Korngrösse bestand, wurden mit ein und derselben Abwasserprobe beschickt. 4 Stunden nach der Füllung erfolgte die Entleerung unter Zuleitung einer von Kohlensäure befreiten Luft, die einen Sauerstoffgehalt von 20,7 pCt. hatte. Die Oxydationskörper waren in tubulirten Glasflaschen untergebracht, deren Oeffnungen während der Lüftungsperioden luftdicht verschlossen waren. Nach Ablauf einer 44 stündigen Lüftungsperiode wurden Luftproben aus beiden Körpern analysirt, wobei die Luft des Cokeskörpers sich völlig frei von Sauerstoff zeigte. An Kohlensäure enthielt aber das Luftgemenge nur 3,2 pCt. Im Kieskörper dagegen war um dieselbe Zeit der Sauerstoff noch nicht vollständig verbraucht, es fand sich noch ein Rest von 3,3 pCt., dagegen enthielt dieses Luftgemenge 8,9 pCt. Kohlensäure.

Gebildet war in dem Cokeskörper ohne Zweifel nicht nur ebensoviel Kohlensäure, wie in dem Kieskörper, sondern noch mehr, sie wurde aber in dem Cokesmaterial zurückgehalten, während der Kies die gebildete Kohlensäure leichter abgab.

Weitere Beläge für die Richtigkeit obiger Ausführungen finden sich weiter unten. Die angeführten Beispiele mögen genügen, um zu zeigen, dass man sich nicht unerheblichen Fehlerquellen aussetzt, wenn man die Energie, mit welcher die Zersetzung der organischen Substanzen in Bodenproben erfolgt, lediglich auf Grund der nachgewiesenen Kohlensäuremenge beurtheilt[1]).

2. Sauerstoffconsum.

Die oben mitgetheilten Beobachtungen legen den Gedanken nahe, dass man die Zersetzungsenergie eventuell mit grösserer Sicherheit nach dem Sauerstoffconsum zu beurtheilen vermöchte, als nach der Kohlensäureproduction. Ehe sich diese Frage beantworten liess, musste festgestellt sein, ob der Sauerstoff in dem Oxydationskörper nicht etwa einfach absorbirt, bezw. chemisch gebunden, für die Zersetzungsvorgänge dagegen eventuell gar nicht verbraucht wurde. Hierüber geben die nachstehenden Versuche Aufschluss.

---

1) Auf die Fehlerquellen, denen man sich aussetzt bei strikter Benutzung der gefundenen Kohlensäuremengen als Maassstab für die Zersetzungsvorgänge im Boden, hat auch schon Soyka hingewiesen. Soyka, Boden. Handbuch der Hygiene. 1887. I. 2. III. p. 194.

In tubulirte 5-Literflaschen wurde frisch geglühter Cokes, bezw. Schlacke von der unten bezeichneten Korngrösse gefüllt. Die Flaschen wurden darauf mit destillirtem Wasser beschickt. Nach 2 Stunden wurden sie entleert unter Zuleitung einer kohlensäurefreien Luft von 20,7 Volumenprocent Sauerstoffgehalt. Nach 18- bezw. 20 stündiger Lüftungsperiode wurde eine Probe des Luftgemisches aus den einzelnen Flaschen analysirt und es zeigte sich in ihnen ein Sauerstoffgehalt von 18,2 bis 19 Volumenprocenten. Das Luftgemenge enthielt also nur 1,7 bis 2,5 Volumenprocente weniger an Sauerstoff, als die zugeleitete atmosphärische Luft.

Versuche, die in derselben Richtung wiederholt wurden, ergaben auch bei mehrmaligem Füllen und Entleeren der Körper dasselbe Resultat. Man wird also mit einer Absorption von Sauerstoff bis zu $2\frac{1}{2}$ Volumenprocenten der zugeleiteten Luft rechnen müssen, die nicht auf Rechnung biologischer Vorgänge gesetzt werden darf.

Eine Kohlensäureproduction war bei diesen Versuchen nicht nachweisbar.

Sauerstoffconsum und Kohlensäureproduction in Oxydationskörpern aus nicht eingearbeitetem Cokes bezw. Schlacke, beschickt mit destillirtem Wasser.

Material	Korngrösse in mm	Zeit des Vollstehens in Stunden	Zeit der Lüftungsperiode in Stunden	Sauerstoffrest in Volumenprocenten	Kohlensäure in Volumenprocenten
Cokes	2—3	2	20	18,4	0
„	5—7	2	18	19	0
Schlacke	5—7	2	18	18,2	0

Ganz anders verliefen die Versuche, sobald wir nicht frische Schlacke verwendeten, sondern ein Schlackenmaterial, das schon längere Zeit hindurch täglich einmal mit Abwässern gefüllt worden war. Ein aus solcher Schlacke in einer tubulirten 5 Literflasche hergestellter Körper wurde täglich mit destillirtem Wasser gefüllt und nach 2 bezw. 4 Stunden entleert, unter Zuleitung einer von Kohlensäure befreiten Luft von 20,7 pCt. Sauerstoffgehalt. Während der Lüftungsperiode blieben die Oeffnungen der Flasche luftdicht verschlossen. Nach 12 bis 44 stündiger Lüftungsperiode wurde das in der Flasche enthaltene Luftgemenge untersucht. Dabei zeigte sich, dass anfänglich innerhalb einer $14\frac{1}{2}$ stündigen Lüftungsperiode dem Luftgemenge sämmticher Sauerstoff durch den Oxydationskörper entzogen wurde.

Nachdem diese Versuche etwa eine Woche lang fortgesetzt waren, fanden sich nach 13 stündiger Lüftungsperiode noch 2,6 Volumenprocente Sauerstoff. An den folgenden Tagen wurde die Lüftungsperiode auf 22 Stunden ausgedehnt und dabei wurde wieder der gesammte Sauerstoff verbraucht. Einige Tage später wurden bei 20 stündiger Lüftungsperiode nur etwa 82 pCt. des verfügbaren Sauerstoffes verbraucht und im folgenden Monat bei gleich langer Lüftungsperiode nur etwa 46 pCt.

Entsprechend dem Sauerstoffconsum war die Bildung von Kohlensäure, und zwar war dieselbe an den Tagen, wo sämmtlicher Sauerstoff consumirt wurde, um so grösser, je länger die Lüftungsperiode gedauert hatte. Nach Beobachtungen, die an anderer Stelle mitgetheilt werden sollen, ist dieses darauf zurückzuführen, dass selbst nach vollständigem Verbrauch des in gasförmigem Zustande dargebotenen Sauerstoffes die Kohlensäureproduction fortschreitet unter Verbrauch des in dem Oxydationskörper aufgestapelten Reservesauerstoffes.

In dem Maasse, wie die in dem Oxydationskörper angesammelten organischen Substanzen zersetzt und verflüchtigt, bezw. ausgelaugt wurden, sank die Kohlensäureproduction entsprechend dem Absinken des Sauerstoffconsums. Die nachstehende Tabelle, welche die hier in Frage stehenden Ergebnisse enthält, zeigt des Weiteren, dass anfänglich der zugeführte Sauerstoff für das Auftreten von Nitrificationsvorgängen nicht ausreichte. Dass aber in dem Maasse, wie sich mit der Zeit ein Sauerstoffüberschuss ergab, Salpetersäure in steigenden Mengen in den Abflüssen nachweisbar wurde.

Es mag hier erwähnt sein, dass in den geschlossenen Oxydationskörpern während der Lüftungsperiode ein gewisses Vacuum auftritt, welches um so grösser ausfällt, je energischer der Sauerstoffconsum ist. Während bei frischen, mit destillirtem Wasser gefüllten Cokes- und Kieskörpern das Vacuum bis zu 60, höchstens 90 ccm ausmachte, beläuft es sich bei den eben beschriebenen Versuchen mit gebrauchter Schlacke bis auf 220 ccm.

(Siehe die Tabelle S. 67.)

Der folgende Versuch zeigt, dass der Sauerstoffconsum ein lebhafterer ist in dem Fall, dass wir dem Oxydationskörper täglich neues, zersetzungsfähiges Material zuführen.

Es wurde zu diesem Zweck ein Oxydationskörper aus gebrauchtem Schlackenmaterial hergestellt, der in jeder Beziehung überein-

Sauerstoffconsum und Kohlensäureproduction in Oxydationskörpern aus gebrauchter
Schlacke, beschickt mit destillirtem Wasser.

Datum	Dauer des		Sauerstoffrest in Volumenprocenten	Sauerstoffverbrauch in Procenten des zugeführten Sauerstoffs	Kohlensäure in Volumenprocenten	Salpetersäure mg in Liter
	Vollstehens in Std.	Leerstehens in Std.				
30. 6.	2	14¹/₂	0	100	6,9	0
5. 7.	2	13	2,6	87,4	6,1	Spuren
6. 7.	2	22	0	100	8,3	Spuren
7. 7.	2	22	0	100	7,2	0
11. 8.	4	20	3,3	82.1	4,3	0,2
12. 9.	4	20	11,3	45,9	3,4	7,6

stimmte mit dem eben besprochenen. Der Unterschied lag nur darin,
dass der Oxydationskörper anstatt mit destillirtem Wasser täglich mit
Abwässern gefüllt wurde. Die Dauer der Lüftungsperiode schwankte
zwischen 3¹/₂ und 40¹/₂ Stunden. Die nachstehende Tabelle zeigt,
dass nach 3¹/₂ bezw. 4 stündiger Lüftungsperiode 60,4 pCt. des vorhandenen Sauerstoffs consumirt wurden, dass innerhalb 6 Stunden
schon sämmtlicher Sauerstoff bis auf Spuren verbraucht war; innerhalb 9 Stunden und längerer Zeit regelmässig ein vollständiger Verbrauch sämmtlichen im Oxydationskörper verfügbaren gasförmigen
Sauerstoffs statthatte.

Sauerstoffconsum und Kohlensäureproduction in Oxydationskörpern
aus gebrauchter Schlacke, beschickt mit Abwässern.

Dauer des		Sauerstoffrest in Volumprocenten des Luftgemenges	Sauerstoffverbrauch in Procenten des zugeführten Sauerstoffs	Kohlensäure in Volumenprocenten des Luftgemenges.
Vollstehens in Std.	Leerstebens in Std.			
2	3¹/₂	8,2	60,4	4,1
2	4	8,2	60,4	6.3
2	6	Sp.	ca. 100	9,7
2	9	0	100	8.6
2	14¹/₂	0	100	8,9
4	15¹/₂	0	100	8,0
4	20	0	100	7,4
2	40¹/₂	0	100	8,9

Die Kohlensäureproduction verlief dementsprechend. Sie war geringer bei den Versuchen, wo noch ein Sauerstoffrest übrig blieb, als
bei denen, wo der sämmtliche verfügbare Sauerstoff verbraucht war.
Aus obigen Versuchen lässt sich entnehmen, dass die

5*

Grösse des Sauerstoffconsums in Oxydationskörpern von
der uns interessirenden Zusammensetzung abhängig ist von
der Menge der in dem Körper vorhandenen zersetzungs-
fähigen organischen Substanzen.

Unsere oben aufgeworfene Frage wird dahin zu beantworten sein, dass die Grösse und Intensität des Sauerstoffconsums thatsächlich brauchbare Anhaltspunkte bietet für
die Beurtheilung der Zersetzungsenergie in dem Oxydationskörper.

Die Grösse des nachweisbaren Sauerstoffconsums wird unter Umständen einen zuverlässigeren Maassstab für die Beurtheilung der Zersetzungsvorgänge bieten, als die nachweisbare Grösse der Kohlensäureproduction.   Noch sicherer wird man fahren, wenn man beide
Factoren gleichzeitig bestimmt.

Bei den oben beschriebenen Versuchen war jede Möglichkeit für
einen weiteren Zutritt von Sauerstoff zu dem Oxydationskörper ausgeschlossen.   Unter derartigen Bedingungen erscheint eine Ausdehnung
der Ruhepause über etwa 6 Stunden hinaus ohne wesentlichen Nutzen,
weil nach dieser Zeit wegen Mangel an Sauerstoff störende Reductionsvorgänge auftreten.   Unter Verhältnissen, wie sie in der Praxis
vorliegen, ist der Zutritt des atmosphärischen Sauerstoffs nicht in
demselben Maasse erschwert, wie bei den eben beschriebenen Versuchen und es liegt die Annahme nahe, dass unter natürlichen Verhältnissen eine selbstthätige Ergänzung des Sauerstoffs in dem Oxydationskörper statthaben könnte, zumal der Sauerstoff, wie oben
schon gezeigt wurde, seitens des Oxydationskörpers mit
einer solchen Energie der vorhandenen Luft entrissen wird,
dass ein nicht unerhebliches Vacuum entsteht.

Zur Frage, ob ein Oxydationskörper im Stande sei, atmosphärischen Sauerstoff aus der Umgebung anzuziehen.

Folgender Versuch sollte über diese practisch eminent wichtige
Frage entscheiden: An dem oben beschriebenen Oxydationskörper wurde
eine mit atmosphärischer Luft gefüllte 12 Literflasche mittelst Glasrohr angeschaltet.   Nach 22 stündiger Lüftungsperiode fehlte in der
Luftmenge des Oxydationskörpers der Sauerstoff vollständig.   Die
Luft in der 12 Literflasche enthielt noch 17,8 pCt. Sauerstoff.   Es
waren aus dieser Reserveflasche 348 ccm Sauerstoff nach dem Oxydationskörper hinüber diffundirt und dort verbraucht worden.   Die in

den Oxydationskörper selbst eingeleitete Luft hatte 285 ccm Sauerstoff enthalten; der Oxydationskörper hatte mithin aus der Reserveflasche noch mehr Sauerstoff an sich gerissen und verbraucht, als ursprünglich in ihm selbst enthalten gewesen war.

In diesem Falle zeigten übrigens die Abflüsse aus dem Oxydationskörper Spuren von Salpetersäure, während sonst in denselben weder salpetrige Säure noch Salpetersäure enthalten gewesen war. Die nitrificirenden Organismen waren also vorhanden; es hatte bei den früheren Versuchen nur an dem nothwendigen Sauerstoff gefehlt, um dieselben in Thätigkeit treten zu lassen.

Dieser Versuch lässt die Schlussfolgerung zu, dass ein mit der atmosphärischen Luft frei communicirender Oxydationskörper während der Lüftungsperiode nicht allein den in seinen Poren enthaltenen Sauerstoff verarbeitet, sondern auch mit grosser Energie Sauerstoff aus seiner Umgebung anzureissen vermag. Es erscheint mithin vortheilhaft, dass der atmosphärischen Luft möglichst ungehinderter Zutritt zum Oxydationskörper gegeben wird. — Daraus ergiebt sich die Frage, ob es als empfehlenswerth angesehen werden könnte, dem Oxydationskörper auf künstlichem Wege Luft zuzuführen.

Lowcock und Waring haben derartige Vorrichtungen zur künstlichen Luftzuführung getroffen. Solche Einrichtungen sollen einerseits die Kosten der Reinigungsanlagen sehr vermehren, andererseits eine Garantie für die gleichmässige Vertheilung der Luft nicht bieten. Ich lasse die Frage dahingestellt sein, ob diese Einwände berechtigt sind, möchte aber glauben, dass bei der Energie, mit welcher nach unsern Versuchen der Sauerstoff aus der umgebenden Luft in den Oxydationskörper einströmt, — der Sauerstoff wurde in unserm Falle durch ein enges Glasrohr von dem Körper angezogen — um den dort entstandenen Mangel auszugleichen, es lediglich rationeller Vorkehrungen zur Ermöglichung dieses natürlichen Vorganges bedarf; dass aber ein künstliches Einblasen von Luft, welches im Winter ohne Zweifel unerwünschte Temperaturherabsetzungen zur Folge haben müsste, sich nicht empfehlen wird.

Folgender Versuch, welcher nicht von praktischer Bedeutung ist, sondern nur ein wissenschaftliches Interesse beanspruchen kann, mag noch erwähnt werden. Der eben besprochene Oxydationskörper wurde nach Ausschaltung der beschriebenen Luftreserveflasche mit reinem Sauerstoff gefüllt. Nach einer Lüftungsperiode von 144 Stunden war von diesem Sauerstoff nicht eine Spur in dem Luftgemenge nachweisbar. Dagegen bestand das in den Poren des Oxydationskörpers vorhandene Gasgemenge zu 35,3 pCt. aus Kohlensäure. Mit der nächsten Füllung des Körpers wurden ausserdem noch sehr grosse Mengen freier, halbgebundener und ganz gebundener Kohlensäure aus dem Körper ausgewaschen. Salpetersäure fand sich in den Abflüssen nicht, dagegen 1,8 mg salpetriger Säure.

Zur Frage, ob der beobachtete Sauerstoffconsum und die Kohlensäureproduction auf die Thätigkeit von Mikroorganismen zurückzuführen seien.

Die Nitrificationsvorgänge sind zurückzuführen auf die Thätigkeit bestimmter Lebewesen. Das gilt als anerkannte Thatsache und wird durch zahlreiche unsererseits ausgeführte Versuche bestätigt. Chloroformirt man einen Oxydationskörper, welcher intensive nitrificirende Eigenschaften aufweist, so wird dadurch die Nitrification sofort sistirt. Nicht ganz so verhält es sich mit dem oben beschriebenen Sauerstoffconsum und der Kohlensäureproduction.

Die höheren Lebewesen, welche sich in unserm Oxydationskörper fanden, erwiesen sich sehr empfindlich gegen Chloroform, sie starben bei sehr geringen Dosen sofort ab, ebenso diejenigen Bacterien, welche keine Sporen bilden. Dagegen fanden sich in dem chloroformirten Oxydationskörper Sporenbildner in lebensfähigem Zustande. Diese können aber nur in Form von Sporen lebensfähig geblieben sein, also in einer Form, von welcher ein lebhafter Gasaustausch nicht erwartet wird. Und doch zeigte sich in Oxydationskörpern, welche unter Einwirkung von Desinfectionsmitteln standen, die jede Lebensäusserung hemmen mussten, ein nicht unbeträchtlicher Sauerstoffconsum unter Auftreten gewisser Kohlensäuremengen.

(Siehe die Tabelle Seite 71.)

Die Abwässer enthielten 1 pM. Sublimat im Liter. Der hohe Rückgang der Oxydirbarkeit kann also im vorliegenden Falle nicht als ein Ausdruck biologischer Processe aufgefasst werden. Eine gewisse Herabsetzung der Oxydirbarkeit wird durch den Sublimatzusatz bedingt, grösstentheils ist sie aber auf Absorptionswirkungen zurückzuführen.

Am ersten Versuchstage wurde noch ein Drittel der ganzen, dem Oxydationskörper zugeführten Sauerstoffmenge innerhalb einer 20stün-

Sauerstoffconsum und Kohlensäureproduction im Oxydationskörper,
unter Einwirkung von Desinfectionsmitteln. — Sublimat. —

	Oxydations-körper	Versuchstag		
		1.	2.	3.
Sauerstoffverbrauch in Procenten des dar-gebotenen Sauerstoffs.	reifer frischer	30,4 10,6	6,3 13	11,1 9,2
Kohlensäureproduction in Volum-procenten.	reifer frischer	3,1 0	2,6 0	1,1 0
Herabsetzung der Oxydirbarkeit in Procenten.	reifer frischer	81,8 64,0	73,7 65,9	— —

digen Lüftungsperiode verbraucht, am 2. und 3. Tage jedoch nur etwa
diejenige Menge, welche auch ein frischer Oxydationskörper absorbirte.
Am ersten Versuchstage finden sich noch 3,1 Volumprocente Kohlensäure, am 2. Tage 2,6, am 3. Tage 1,1. In den frischen Oxydationskörpern dagegen fehlte Kohlensäure gänzlich.

Da, wie gesagt, eine Lebensthätigkeit der Mikroorganismen hier
ausgeschlossen war, muss der Sauerstoffconsum sowie das Auftreten
von Kohlensäure durch chemische bezw. physikalische Vorgänge erklärt werden. Man könnte an Zersetzungen durch Enzyme denken,
an die Wirkung von Zymasen, wie sie Buchner in dem Safte von
Hefezellen nachwies, die bekanntlich im Stande sind, gewisse organische
Substanzen unter Kohlensäurebildung zu spalten; oder an ähnliche
active Stoffe.

Nur in solchen Oxydationskörpern, die längere Zeit hindurch täglich mit Abwässern beschickt wurden, trat trotz der angewendeten
Desinfectionsmittel beim Zutritt atmosphärischer Luft Kohlensäure auf,
nicht aber in frischen Oxydationskörpern. Die in den reifen Oxydationskörpern angehäuften organischen Substanzen müssen also eine
gewisse Bedeutung für das Auftreten der Kohlensäure haben. Bei
den von uns verwendeten Sublimatlösungen ist ein Austreiben der
Kohlensäure durch stärkere Säuren ausgeschlossen. Verwendeten wir
0,5 proc. Schwefelsäure zur Sterilisirung der Oxydationskörper, so
fanden wir nach 20 stündiger Lüftungsperiode am ersten Versuchstage
19,5 Volumenprocente Kohlensäure, am zweiten Versuchstage 16,7 pCt.,
am dritten 9,1 pCt. Hier handelt es sich also um ein directes Austreiben der in der organischen Substanz, bezw. in dem Eisenschlamm

absorbirten Kohlensäure durch eine stärkere Säure. Auch bei Anwendung von Chloroform und Karbolsäure zur Sterilisirung der Oxydationskörper wurde mehr Kohlensäure frei, als bei Verwendung von Sublimat.

Nach Analogie der Vorgänge bei der freiwilligen Eisenausscheidung aus Grundwässern könnte man daran denken, dass auch durch den zutretenden atmosphärischen Sauerstoff Kohlensäure verdrängt würde. Ein in dieser Richtung angestellter Versuch bestätigte diese Auffassung nicht.

Ich wage es nicht, auf Grund der bislang vorliegenden Untersuchungsergebnisse bestimmte Schlüsse über die hier in Betracht kommenden Vorgänge zu ziehen. Es erscheint nicht ausgeschlossen, dass das Freiwerden der Kohlensäure auf indirecte Weise erfolgt und nicht ausschliesslich als der Ausdruck des directen Gasaustausches von Mikroorganismen anzusehen ist. Der relativ hohe Sauerstoffverbrauch, der sich im sterilisirten reifen Oxydationskörper anfangs zeigt, scheint ebenfalls darauf hinzudeuten, dass die Mikroorganismen den Sauerstoff nicht direct der atmosphärischen Luft entziehen, dass letzterer vielmehr durch Absorption gebunden und den absorbirenden Substanzen auf indirectem Wege seitens der Mikroorganismen entzogen wird. Durch die Thätigkeit der Mikroorganismen entsteht in den Substanzen möglicherweise ein gewisses Sauerstoffdeficit, welches sich beim Zutritt atmosphärischer Luft ausgleicht.

Die weiter oben nachgewiesene Thatsache, dass sich in reifen Oxydationskörpern bei wochenlang täglich wiederholter Beschickung mit destillirtem Wasser noch immer nicht unerhebliche Zersetzungsvorgänge abspielen, zeigt, wie wichtig es ist, die Inanspruchnahme der Oxydationskörper nicht so weit zu treiben, wie es, nach dem Reinheitsgrade der Abflüsse allein beurtheilt, möglich sein würde. Hierfür werde ich an anderer Stelle weitere Belege beibringen.

Andererseits lassen unsere über die Absorptionswirkungen gemachten Beobachtungen erkennen, dass man im Nothfalle 2 bis 3 Füllungen in continuirlichem Strome durch einen reifen Oxydationskörper hindurchschicken kann, ohne dass der Reinigungseffect erheblich leidet. Die Zersetzungsvorgänge steigern sich in dem Oxydationskörper nach solchem Vorkommniss selbstthätig. Immerhin sollte man hiervon nur in dem äussersten Nothfalle Gebrauch machen, denn der Verstopfung des Körpers wird dadurch in erheblichem Maasse Vorschub geleistet.

Es liessen sich noch eine Reihe anderer, für die Praxis nicht gleichgültige Gesichtspunkte aus den oben mitgetheilten Ergebnissen ableiten. Ihr grösster praktischer Werth liegt jedoch darin, dass sie uns Anhaltspunkte dafür bieten, wie das zum Bau von Oxydationskörpern bestimmte Material auszuwählen sei. Dieser Punkt soll deshalb nachstehend einer näheren Erörterung unterzogen werden.

Auswahl des Materials für Oxydationskörper.

Zur Zeit ist man von der „biologischen Idee" noch fast allgemein derartig ergriffen, dass man in der Anreicherung der Bakterien allein das anzustrebende Ziel erblickt. Das Reifwerden des Oxydationskörpers wird aufgefasst lediglich als Ausdruck der Anhäufung von Bakterien. Dass die Zunahme der Lebewesen im Oxydationskörper von grosser Bedeutung ist für die Zersetzungsvorgänge, die sich in letzterem äussern, steht auch für mich ausser Zweifel. Die chemisch physikalische Beschaffenheit des Materials darf aber darüber nicht vernachlässigt werden. In erster Linie kommt es auf die Entfaltung von Absorptionskräften an. Da organische Substanzen absorbirende Eigenschaften in hervorragendem Maasse äussern, so könnte man geneigt sein zu glauben, dass jedes beliebige Material sich eignen würde. Man könnte glauben, es bedürfe nur solcher Maassnahmen, welche eine gewisse Verschlammung des Oxydationskörpers zur Folge haben. Bei gewissen Materialien folgt aber die Verstopfung der Einarbeitung auf dem Fusse. Bei anderen Materialien ist das nicht der Fall. Das Herausfinden desjenigen Materials, welches qualitativ, zugleich aber auch quantitativ zufriedenstellend arbeitet, bedingt bei dem in der Grosspraxis geübten empirischen Vorgehen bedeutende Unkosten und wird gelegentlich von erheblichen anfänglichen Misserfolgen begleitet.

Die Wirksamkeit der Oxydationskörper wird fast durchweg bemessen nach der Herabsetzung der Oxydirbarkeit der Abflüsse im Vergleich zu derjenigen der zugeleiteten Rohwässer, nach der Herabsetzung des Gehaltes an Gesammtstickstoff, organischem Stickstoff, an Albuminoid-Ammoniak, Ammoniak und nach der Bildung von Salpetersäure. Ausserdem nach den grobsinnlich wahrnehmbaren Eigenschaften der Abflüsse, wie Farbe, Klarheit, Durchsichtigkeit und Geruch. Von allen diesen Kriterien gestattet nur das Auftreten von Salpetersäure einen Einblick in die Zersetzungsvorgänge, welche sich in dem Oxydationskörper abspielen. Alle die übrigen erwähnten Factoren, nach denen die Wirkung des Oxydationskörpers beurtheilt

wird, würden sich auch durch einfaches Niederschlagen und Zurück-
halten der fäulnissfähigen Substanzen in dem Oxydationskörper erklären lassen. Dieses ist um so mehr der Fall, als der Rückgang
in der Aufnahmefähigkeit, also der fortschreitende Verstopfungsprocess
der Oxydationskörper bei den meisten bislang veröffentlichten Versuchen so gut wie garnicht berücksichtigt worden ist. Und doch ist
gerade diesem letzten Momente eine eminente praktische Bedeutung
beizumessen.

Ehe wir uns mit dieser Frage näher befassen, sollen die Momente
erörtert werden, welche von Einfluss sind auf die qualitative Leistung
der Oxydationskörper.

Qualitative Leistungen.

a) Korngrösse.

Folgender Versuch sollte dazu dienen, festzustellen, welchen Einfluss die Korngrösse des zur Aufbauung des Oxydationskörpers be-
nutzten Materials auf den zu erzielenden Reinigungseffect habe:

Elbkies wurde durch einen Siebsatz getrennt in seine Bestandtheile von 2—3 mm Korngrösse, 3—5 mm u. s. w. bis 10—20 mm.
Aus den einzelnen Bestandtheilen wurden gleichgrosse Oxydationskörper hergestellt, die Tag für Tag mit gleichen Abwasserproben beschickt wurden. Nach vierstündigem Vollstehen wurden die Körper
entleert, nach zwanzigstündiger Lüftungsperiode wiederum gefüllt. Die
Untersuchungsergebnisse in Bezug auf Sauerstoffconsum, Kohlensäureproduction und auf Herabsetzung der Oxydirbarkeit finden sich für
2 Versuchstage in den beiden untenstehenden Tabellen.

Die Tabellen zeigen, dass die Herabsetzung der Oxydirbarkeit
um so ausgesprochener ist, je feiner die Korngrösse. Je grösser das
Korn, um so höher die Oxydirbarkeit der Abflüsse und zwar steigt
diese mit der Korngrösse periodisch und regelmässig. Nach Entleerung des Oxydationskörpers und Zuleitung atmosphärischer Luft
findet entsprechend der grösseren Menge zurückgehaltener oxydirbarer
Substanzen bei den feineren Korngrössen ein wesentlich höherer
Sauerstoffverbrauch statt, als bei dem gröberen Materiale.

Am 2. November fanden sich in dem Kies von 2 bis 3 mm
Korngrösse 62,3 pCt. des dargebotenen Sauerstoffs innerhalb einer
20 stündigen Ruhepause verbraucht. In dem Kies von 5 bis 7 mm
dagegen nur etwa die Hälfte, nämlich 32,4 pCt.

Demgemäss findet sich in der Luft des aus dem feineren Kies

Kieskörper verschiedener Korngrösse.

Korngrösse.	Kalium-permanganat-verbrauch mg pro Liter	Herabsetzung der Oxydir-barkeit in Procenten	Sauerstoffcon-sum in Pro-centen der dargebotenen Sauerstoff-menge	Kohlensäure-production. Volumenpro-cente des Luft-quantums.
2. 11. — 4 Stunden gefüllt, 20 Stunden leer (Luftabschluss während der Lüftungsperiode).				
Rohwasser	498,8	—	—	—
Abfluss aus Kies 2—3 mm	235,4	52,8	62,3	5,2
„ „ „ 3—5 „	241,6	51,6	46,4	3,9
„ „ „ 5—7 „	257,1	48,5	32,4	2,6
„ „ „ 7—10 „	262,6	47,6	35,7	3,3
„ „ „ 10—20 „	275,7	44,7	30	3,1
9. 11. — 4 Stunden gefüllt, 20 Stunden leer (Luftabschluss während der Lüftungsperiode).				
Rohwasser	437,5	—	—	—
Abfluss aus Kies 2—3 mm	199	54,5	94,7	10,3
„ „ „ 3—5 „	217,2	50,4	80,7	9
„ „ „ 5—7 „	224,8	48,6	65,2	7,2
„ „ „ 7—10 „	238,5	45,5	64,7	7,3
„ „ „ 10—20 „	252,7	42,2	63,8	8,6

hergestellten Oxydationskörpers ein höherer Kohlensäuregehalt, als in dem gröberen Materiale, nämlich bei Kies von 2 bis 3 mm 5,2 Volumenprocente des in dem Oxydationskörper enthaltenen Luftgemisches, bei Kies von 5 bis 7 mm nur gerade die Hälfte davon, nämlich 2,6 Volumenprocente. Die noch gröberen Kiese zeigten bei den vorliegenden Versuchen nicht einen wesentlich geringeren Sauerstoffverbrauch, als der Kies von 5 bis 7 mm Korngrösse.

Aehnlich verhalten sich die am 9. November bei denselben Versuchskörpern erzielten einschlägigen Ergebnisse. Die Herabsetzung der Oxydirbarkeit ist wieder am ausgesprochensten bei dem feinsten Materiale und sinkt in regelmässigen Abständen bei dem gröberen Materiale. Der Sauerstoffverbrauch ist im Vergleich zu den Ergebnissen am 2. November bei sämmtlichen Körpern gestiegen, die Oxydationswirkungen sind inzwischen intensiver geworden. Am intensivsten ist der Sauerstoffverbrauch wieder bei dem feinsten Kiese, in welchem 94,7 pCt. des ganzen zugeführten Sauerstoffs während einer Lüftungsperiode von 20 Stunden verbraucht wurden. Bei Kies von 5 bis 7 mm Korngrösse fehlten dagegen nur 65,2 pCt. des dargebotenen Sauerstoffs. Im ersteren Falle enthielt die Luft des Oxydationskörpers 10,3 Volumenprocente Kohlensäure, im letzteren Falle 7,2.

Das noch gröbere Material zeigt eine weniger markante Abnahme des Sauerstoffconsums.

Dass bei Oxydationskörpern, welche aus Cokes hergestellt werden, ein Einfluss der Korngrösse in demselben Sinne sich geltend macht, zeigen die beiden nachstehenden Tabellen.

Cokeskörper verschiedener Korngrösse.

Korngrösse.	Kaliumpermanganatverbrauch mg pro Liter	Herabsetzung der Oxydirbarkeit in Procenten	Sauerstoffconsum in Procenten der dargebotenen Sauerstoffmenge	Kohlensäureproduction. Volumenprocente des Luftquantums
2. 11. — 4 Stunden gefüllt, 20 Stunden leer (Luftabschluss während der Lüftungsperiode).				
Rohwasser	498,8	—	—	—
Abfluss aus Cokes 2—3 mm	161,1	67,7	74,4	3,7
„ „ „ 3—5 „	198,3	60,1	57	2,1
„ „ „ 5—7 „	204,5	59	52,2	1,6
„ „ „ 7—10 „	204,5	59	45,9	1,6
„ „ „ 10—20 „	257,1	48,6	42	2,2
9. 11. — 4 Stunden gefüllt, 20 Stunden leer (Luftabschluss während der Lüftungsperiode).				
Rohwasser	437,5	—	—	—
Abfluss aus Cokes 2—3 mm	150,4	65,6	100	6,9
„ „ „ 3—5 „	186,8	57,8	84,1	5,4
„ „ „ 5—7 „	189,9	56,6	71	4,9
„ „ „ 7—10 „	214,2	51,0	61,8	5,1
„ „ „ 10—20 „	214,2	51,0	-59,9	5

Die betreffenden Oxydationskörper sind ebenso hergestellt, wie die oben beschriebenen Kieskörper. Es handelt sich um dieselben Versuchstage und um eine Beschickung mit Abwasserproben, die identisch sind mit denjenigen, die bei den besprochenen Kieskörpern benutzt wurden.

Die Abflüsse des Cokes von 2 bis 3 mm zeigen am 2. November nach 4 stündiger Einwirkung des Oxydationskörpers eine Herabsetzung der Oxydirbarkeit um 67,7 pCt., diejenigen aus Cokes von 3 bis 5 mm eine solche um 60,1 pCt., aus Cokes von 5—7 mm und 7—10 mm um 59 pCt., aus Cokes von 10 bis 20 mm um 48,6 pCt.

Der Sauerstoffconsum im Cokes von 2 bis 3 mm belief sich auf 74,4 pCt. des dargebotenen Sauerstoffes. In regelmässigen Abständen sinkt er bei dem gröberen Materiale bis auf 42 pCt.

Die Kohlensäureabgabe ist in diesem Falle nicht eine entsprechende. Die Gründe hierfür sollen weiter unten erörtert werden.

Am 9. November hatten auch die Cokeskörper sich so weit eingearbeitet, dass das feinste Material die gesammte zugeleitete Sauerstoffmenge, d. h. 100 pCt. verbrauchte, 3 bis 5 mm Korngrösse 84,1 pCt., 5 bis 7 mm 71 pCt. u. s. w. Die Kohlensäureabgabe ist um diese Zeit bereits beträchtlich gestiegen, nämlich auf 6,9 pCt. im feinsten Cokes, auf 5,4 pCt. bei 3 bis 5 mm Korngrösse, etc.

Die besprochenen Ergebnisse zeigen, dass nicht allein die Absorptionswirkungen, sondern auch die Zersetzungsvorgänge intensiver sind in Oxydationskörpern von feinem Material, als in solchen von gröberem Material.

Bei den eben beschriebenen Oxydationskörpern war während der Lüftungsperioden jede Communication mit der umgebenden Atmosphäre ausgeschlossen. Schon Eingangs wurde gezeigt, dass dadurch eine nicht unerhebliche Hemmung der Oxydationsvorgänge bedingt wird, welche naturgemäss zurückwirkt auf die Absorptionsvorgänge und diese einschränkt. Die folgenden Versuche scheinen geeignet, die Richtigkeit dieser Annahme zu bestätigen:

Gleichzeitig mit den eben besprochenen Oxydationskörpern wurden aus identischem Material Körper hergestellt, welche während der Lüftungsperioden in freiem Gasaustausch mit der umgebenden Luft standen, im Uebrigen genau so beschickt und betrieben wurden, wie die oben besprochenen Körper. Bei dieser Versuchsanordnung wird nicht allein die Herabsetzung der Oxydirbarkeit grösser, sondern es kommt auch der Einfluss der Korngrösse noch deutlicher zum Ausdruck als bei den oben beschriebenen Versuchen. Das zeigt die nachstehende Tabelle, in welcher die Ergebnisse der beiden Versuchsserien vom 9. November neben einander gestellt sind.

(Siehe die Tabelle S. 78.)

b) Structur des Materials.

Aus der vorstehenden Tabelle ist ersichtlich, dass bei Oxydationskörpern, die aus Cokes hergestellt sind, die Absorptionswirkungen, wie auch die Oxydationsvorgänge intensiver ausfallen, als in Kieskörpern von gleicher Korngrösse, bei gleicher Betriebsweise.

Diese Beobachtung entspricht den schon von anderen Seiten gemachten Erfahrungen. Man führt diese Erscheinung z. Zt. fast all-

Cokes- und Kieskörper verschiedener Korngrösse bei Luftzutritt
bezw. Luftabschluss während der Lüftungsperioden.

Rohwasser mg Pgt. p. L.	Offener Oxydationskörper	Geschlossener Oxydations-körper
	437,5	437,5
	Herabsetzung der Oxydirbarkeit in Procenten	
Cokes 2—3 mm	70,2	65,6
„ 3—5 „	69,0	57,8
„ 5—7 „	64,6	56,6
„ 7—10 „	62,5	51,0
„ 10—20 „	51,0	51,0
Kies 2—3 „	61,8	54,5
„ 3—5 „	61,8	50,4
„ 5—7 „	57,0	48,6
„ 7—10 „	56,6	45,5
„ 10—20 „	46,5	42,2

gemein zurück auf die grössere Porosität des Cokes. Die vielen
Höhlungen und Gänge im Cokes bedingen eine ausserordentlich grosse
Oberflächenentfaltung. Man könnte glauben, dass diese kleinen Räume
und Gänge günstige Haftpunkte böten für die Mikroorganismen und
dieselben vor Abspülung schützten, dass ferner in ihnen die Luft
besser zurückgehalten würde. Solche und ähnliche Momente sind es,
die herangezogen werden zur Erklärung der besseren Wirksamkeit des
Cokes gegenüber dem Kies.

Durch folgende Experimente habe ich zu entscheiden versucht,
ob die besprochenen Anschauungen richtig seien:

Es wurde ein Oxydationskörper aus Bimstein hergestellt, welch'
letzterer bekanntlich von ausserordentlich poröser Structur ist. Zum
Vergleiche wurde ein gleich grosser Oxydationskörper aus frischer
Schlacke von derselben Korngrösse hergestellt. Beide Oxydationskörper wurden mehrere Monate hindurch täglich mit identischen Abwasserproben beschickt.

Die nachstehende Tabelle zeigt, dass die Herabsetzung der Oxydirbarkeit schon am vierten Versuchstage intensiver wurde bei der
Schlacke, als beim Bimstein. An den folgenden Tagen arbeiteten
sich beide Körper soweit ein, dass die Herabsetzung der Oxydirbarkeit von Tag zu Tag grösser wurde, jedoch bei der Schlacke stets
intensiver ausfiel, als beim Bimstein. Sie betrug am zwölften Tage
z. B. bei der Schlacke 47,8 pCt., beim Bimstein nur 30,7 pCt., am

dreiundzwanzigsten Tage bei der Schlacke 75,5 pCt., beim Bimstein 58 pCt. etc.

Bimstein- und Schlacken-Oxydationskörper von gleicher Korngrösse.

Nummer der Füllung	Rohwasser	Bimstein-abfluss	Schlacken-Abfluss	Bimstein-abfluss	Schlacken-abfluss
	mg Permanganatverbrauch pro Liter			Herabsetzung der Oxydirbarkeit in Procenten	
1	272	223	233	18,0	14,3
4	277	215	191	22,4	31,0
12	280	194	146	30,7	47,8
16	206	109	68	47	67
23	319	134	78	58	75,5
34	329	181	88	45	73,2
50	408	151	89	63	77,7

Hiernach ist die Porosität für die Wirksamkeit der Oxydationskörper nicht von so entscheidender Bedeutung, wie man zur Zeit allgemein annimmt, denn die von uns gebrauchte Schlacke hat eine bei weitem nicht so poröse Struktur, wie der Bimstein.

c) Chemische Wirkungen.

I. Eisen.

Die von uns bislang gebrauchten Cokessorten wiesen sämmtlich einen nicht unerheblichen Gehalt an Eisen auf. Dieser Gehalt an Eisen machte sich in ausserordentlich prägnanter Weise bemerkbar in Versuchen, bei denen die Oxydationskörper mit fäulnissfähigen Abwässern in forcirtem Maasse beschickt wurden, gleichzeitig aber dafür Sorge getragen wurde, dass möglichst wenig Sauerstoff hinzutreten konnte. Hierbei wurden die Reductionsvorgänge in den betreffenden Oxydationskörpern so intensiv, dass die Abflüsse aus dem Cokeskörper bis zu 40 mg Eisen im Liter aufwiesen, während die zugeführten Abwässer weniger als 1 mg Eisen enthielten.

Zu Zeiten wo der Oxydationskörper in normaler Weise betrieben wurde, schied er kein Eisen aus, oder nur Spuren davon.

Diese und ähnliche Befunde gaben Anregung zu fortgesetzten Beobachtungen über die Bedeutung des Eisens für die Zersetzungsprocesse in den Oxydationskörpern. Die grosse Fähigkeit des Eisens,

Sauerstoff zu binden und an reducirende Stoffe wieder abzugeben, liess erwarten, dass es ebenso, wie im Boden auch in den Oxydationskörpern eine wirksame Rolle zu spielen vermöchte.

Folgender Versuch sollte Aufschluss hierüber geben:

Aus Elbkies wurden mittelst Siebsatzes die Bestandtheile von 5—7 mm Korngrösse gewonnen. Aus denselben wurden zwei Oxydationskörper hergestellt und zwar wurden in dem einen derselben kleine schmiedeeiserne Nägel gleichmässig vertheilt. Beide Oxydationskörper wurden täglich mit identischen Abwasserproben beschickt. Die Steinchen des mit Nägeln versetzten Kieses verloren mit der Zeit ihre weisse, bezw. gelbliche Farbe und überzogen sich mit einer gleichmässigen braunen Schicht von Eisenhydroxyd. Ein in gleicher Weise betriebener Cokeskörper sowie ein weiterer Oxydationskörper, auf den ich weiter unten zurückkomme, waren gleichzeitig in Beobachtung.

Die nachstehende Tabelle enthält die Ergebnisse, die wir bei Untersuchung dieser Körper an zwei Versuchstagen erhielten.

Einfluss von Eisen und Kalk auf die Wirksamkeit des
Oxydationskörpers.

Korngrösse	Kaliumpermanganatverbrauch mg pro Liter	Herabsetzung d. Oxydirbarkeit in Procenten	Sauerstoffconsum in Procenten der dargebotenen Sauerstoffmenge	Kohlensäureproduction. Volumenprocente des Luftquantums
2. 11,				
Rohwasser	498,8	—	—	—
Kies 5—7 mm	257,1	48,5	32,4	2,6
„ 5—7 mm + Nägel . .	204,5	59	91,8	2,9
Cokes 5—7 mm	204,5	59	52,2	1,6
Kies 5—7 mm + Muschelkalk	247,8	50,3	36,7	2,7
9. 11.				
Rohwasser	437,5	—	—	—
Kies 5—7 mm	224,8	48,6	65,2	7,2
„ 5—7 mm + Nägel . .	188,4	57	100	4,7
Cokes 5—7 mm	189,9	56,6	71	4,9
Kies 5—7 mm + Muschelkalk	220,3	49,65	70	7,8

Die Herabsetzung der Oxydirbarkeit betrug am 2. November bei Kies allein 48,5 pCt., bei Kies mit Nägeln 59 pCt., bei Cokes von

gleicher Korngrösse 59 pCt. Nach darauf folgender 20 stündiger Lüftungsperiode waren im Kies 32,4 pCt. des zugeleiteten Sauerstoffs verschwunden, im Kies mit Nägeln 91,8 pCt., im Cokes dagegen 52,2 pCt.

Am 9. November betrug die Herabsetzung der Oxydirbarkeit
bei Kies 48,6 pCt., bei Kies mit Nägeln 57 pCt., bei Cokes 56,6 pCt.,
der Sauerstoffconsum bei Kies 65,2 pCt., bei Kies mit Nägeln 100 pCt.,
bei Cokes 71 pCt.

Die Kohlensäureproduction erscheint bei eisenhaltigem Kies und
Cokes nicht entsprechend grösser, als bei Kies, am 9. November erscheint sie sogar geringer. Das ist, wie schon oben erwähnt wurde,
zurückzuführen auf Absorption der producirten Kohlensäure durch
Eisenschlamm.

Ein gewisser Gehalt der Oxydationskörper an Eisen bezw. Eisenhydroxyd erscheint hiernach von günstigem Einfluss zu sein auf die
gewünschten Absorptions- und Oxydationsvorgänge. Man kann aus
den hier mitgetheilten Ergebnissen zwar nicht den Schluss ziehen,
dass die vermehrte Sauerstoffaufnahme ein sicheres Anzeichen sei für
die vermehrte Bacterienthätigkeit, sondern es handelt sich zunächst
lediglich um Erhöhung der Sauerstoffabsorption. Nach den weiter
oben besprochenen Beobachtungen ist es aber für die Zersetzungsvorgänge von grosser Bedeutung, dass möglichst viel Sauerstoff durch
die Oxydationskörper absorbirt wird. Indirect hat der so festgehaltene
Sauerstoff einen günstigen Einfluss auf die Zersetzungsenergie des
Oxydationskörpers.

In den Beschreibungen über die Schweder'sche Versuchsanlage
in Gross-Lichterfelde finden sich Darlegungen, wonach die Oxydation
als beendigt angesehen werden kann, „wenn keine Bläschen mehr
aufsteigen“. Die aufsteigenden Bläschen sind die aufsteigende atmosphärische Luft, welche durch Abwässer aus dem Oxydationskörper
vertrieben wird. Je grösser die Poren des letzteren, um so schneller
entweicht die Luft. Das „Sieden“ ist bei grobem Material nicht bemerkbar. In Material von feinerem Korn namentlich nach Eintritt
eines gewissen Verschlammungsgrades findet die entweichende Luft
einen grösseren Widerstand und man kann alsdann das Aufsteigen
der Bläschen deutlich verfolgen. Mit dem Oxydationsprocess hat
dieser rein physikalische Vorgang natürlich keinen Zusammenhang.
Freilich wird der Luft um so mehr Sauerstoff entzogen, je länger sie
in dem Oxydationskörper verbleibt, aber das Sieden würde nicht fort-
fallen, selbst wenn der austretenden Luft gar kein Sauerstoff entzogen

wird. Ein Oxydationskörper, in dem man das Entweichen der Luft direct sehen kann, wird der Füllung mit Abwässern stets relativ grosse Schwierigkeiten entgegenstellen. Die Füllungsdauer wird bei derartigen Oxydationskörpern zu gross und deshalb die quantitative Leistungsfähigkeit zu gering. Nach der letzteren Richtung hin werden solche Oxydationskörper immer befriedigender arbeiten, bei denen man das Entweichen der Luft nicht sehen kann. Bei derartigen Oxydationskörpern muss man aber bestrebt sein, trotzdem den ganzen Sauerstoff der atmosphärischen Luft, welche in den Oxydationskörper eingetreten ist, zurückzuhalten, und hierzu erweisen sich einerseits Ablagerungen organischer Stoffe, andererseits aber namentlich auch Eisenhydroxyd besonders geeignet.

Die Thatsache, dass man in einem Cokeskörper höhere Reinigungseffecte erzielen kann, als im Bimsteinkörper von gleicher Korngrösse, ist meines Erachtens darauf zurückzuführen, dass letzterer frei ist von Eisen, ersterer aber Eisen in ausserordentlich günstiger Vertheilung enthält. Selbst in völlig glattwandigem Kiesmaterial können die Absorptionswirkungen, wie wir gesehen haben durch einen geringen Eisenzusatz derartig gesteigert werden, dass sie demjenigen von Cokeskörpern nicht nachstehen. Ich möchte aber bei dieser Gelegenheit gleich darauf hinweisen, dass die Verstopfung eines Kiesoxydationskörpers durch den Eisenzusatz ausserordentlich begünstigt wird, während sie beim eisenhaltigen Cokes, namentlich aber bei Schlacke weit langsamer eintritt. Unsere einschlägigen Erfahrungen sollen an anderer Stelle näher erörtert werden.

2. Kalk.

Wiederholt ist die Auffassung vertreten worden, als ob ein gewisser Kalkgehalt des Materials, welches zum Aufbau des Oxydationskörpers benutzt wird, die Wirksamkeit des letzteren wesentlich erhöhe. Von verschiedenen Seiten wurde vorgeschlagen, gelegentlich sogar als unerlässlich angesehen, dass den zu behandelnden Abwässern Kalk zugesetzt würde.

Nach dieser Richtung sind unsererseits im Laufe der letzten 2 Jahre wiederholt Versuche ausgeführt worden, deren Ergebnisse die Richtigkeit obiger Auffassung in keiner Weise bestätigen.

Die Tabelle auf S. 80 mag dazu dienen, den Effect des Kalkes zu veranschaulichen: Gleichzeitig mit dem bereits besprochenen, aus Kies hergestellten Oxydationskörpern wurde unter Benutzung desselben Materials ein Oxydationskörper aufgebaut, dem eine gewisse Menge von Kalk in Form von zerbrochenen Austernschalen in gleichmässiger Vertheilung zugesetzt wurde. Die Herabsetzung der Oxydirbarkeit betrug am 2. November 50,3 pCt. gegenüber 48,5 pCt. im Kies ohne Kalk, am 9. November 49,65 pCt. gegenüber 48,6 pCt. im Kies ohne Kalk. Auch der Sauerstoffverbrauch und die Kohlensäureproduction in dem mit Kalk versetzten Oxydationskörper wichen kaum ab von demjenigen in Kies ohne Kalk.

Quantitative Leistungen.

Die Oxydationskörper zeigen anfangs regelmässig geringere Absorptionswirkungen und weniger intensive Zersetzungs- und Oxydationsvorgänge, als später, nachdem sie 2—4 Wochen lang täglich in Betrieb gewesen und „reif" geworden sind. Bis zu einem gewissen Grade ist diese Erscheinung, wie schon gesagt, auf eine Anreicherung der Mikroorganismen zurückzuführen. Nicht allein die Zahl der Bacterien steigt mit der Zeit, sondern die ganze Flora und Fauna wird im Laufe des Betriebes eine vielseitigere. Es stellen sich mit der Zeit höhere Lebewesen der verschiedensten Art ein, die sich fast ausschliesslich nahe der Oberfläche einnisten, wo ihnen einerseits zu jeder Zeit genügend Sauerstoff geboten wird, andererseits organischer Schlamm sich niederschlägt, in welchem sie ihre Nahrung suchen, und den sie hierbei mit erstaunlicher Kraft auseinanderzerren und auflockern.

Wenn man beachtet, wie bei dem Oxydationsverfahren alle nützlichen Factoren gerade an der geeigneten Stelle auftreten und wirksam werden, wie nicht allein die Lebewesen sich, man möchte sagen mit strategischem Geschick ihre Angriffspunkte wählen, sondern auch der erforderliche Gasaustausch durch das Auftreten von Wärme in den Oxydationskörpern begünstigt und befördert wird, so möchte man fast glauben, dass in diesem Verfahren nun thatsächlich das lang gesuchte Universalmittel, ein durchaus natürliches und rationelles Abwasserreinigungsverfahren, gefunden wäre. Jedoch auch dieses Verfahren hat seine schwachen Seiten. Wenngleich alle hier wirksamen Factoren eine um so grössere Energie entfalten, je grössere Mengen fäulnissfähiger Substanzen dem Oxydationskörper zugeführt werden, obgleich in demselben Maasse, wie die Inanspruchnahme steigt, auch die Wärme des Oxydationskörpers sich erhöht, der Gasaustausch intensiver wird, so steigern sich diese Kräfte doch nicht direct proportional der gesteigerten Zufuhr organischer Substanzen, sondern weit allmählicher. Der Rest unzersetzter Substanzen wird grösser. Gleichzeitig werden durch die intensive Kohlensäureentwickelung die Verwitterungsprocesse des Gesteins befördert, und die Verstopfung des Oxydationskörpers dadurch beschleunigt.

An anderer Stelle ist schon darauf hingewiesen worden, dass bei täglich sechsmaliger Füllung eines Oxydationskörpers dieser nach der 150. Füllung zwei Drittel seiner Aufnahmefähigkeit verloren hatte, dagegen ein ebenso construirter Oxydationskörper bei täglich einmaliger Füllung mit Abwässern gleicher Herkunft nach mehr als 300-maliger Füllung nur etwa 6 pCt.

Dieses bestätigt nur eine den Agriculturchemikern seit langer Zeit bekannte Thatsache.

Das sogenannte Einarbeiten oder Reifwerden eines Oxydationskörpers liegt, namentlich bei glattwandigem Material, z. B. Kies, zum grossen Theil begründet in der Ansammlung organischer Materien im Oxydationskörper, die die einzelnen Steine im Laufe der Zeit mit einer klebrigen Schicht einkleiden. Diese organischen Materien, — welche übrigens, wie hier gleich bemerkt sein soll, nicht mehr im Stande sind, der stinkenden Fäulniss anheimzufallen, — besitzen nicht nur die von der Trinkwasserfiltration her bekannte Fähigkeit, die mechanische Filtration zu erhöhen, sondern ihnen ist auch ein hohes Absorptionsvermögen für Sauerstoff eigen. Die hier in Frage stehenden Substanzen begünstigen den Abwasserreinigungsprocess anscheinend in nicht geringerem Maasse, als das Eisenhydroxyd. Daher kommt es, dass Kiesoxydationskörper, welche anfangs in ihrer qualitativen Wirksamkeit hinter Cokes bez. Schlacke weit zurückstanden, nach längerem Betriebe schliesslich Reinigungseffecte aufweisen, die denjenigen der eben genannten Körper in keiner Weise nachstehen, sie sogar in Bezug auf die äussere Beschaffenheit der Abwässer, namentlich der Klarheit, übertreffen. Jedoch steigert sich die qualitative Wirksamkeit des Kiesoxydationskörpers auf Kosten der quantitativen Leistung und zwar geschieht das bei dem Kies in erheblich höherem Maasse, als bei Cokes oder Schlacke.

In der nachstehenden Tabelle ist die Aufnahmefähigkeit einerseits und der Reinigungseffect andererseits von einer Reihe von Oxydationskörpern in Vergleich gestellt, die sich nur ihrer Korngrösse nach unterschieden. Die Aufnahmefähigkeit ist in Litern pro Cubikmeter Oxydationskörper eingetragen. Der Reinigungseffect ist ausgedrückt durch die Abnahme der Oxydirbarkeit in Procenten.

Einfluss der Korngrösse auf die Aufnahmefähigkeit und den Reinigungseffect.

		Millimeter Korngrösse					
		2—3	3—5	5—7	7—10	10—20	10—30
Kies	Aufnahmefähigkeit Liter pro Cubikmeter	265	288	329	335	344	—
	Abnahme der Oxydirbarkeit in Procenten	61,8	61,8	57,1	56,6	46,5	—
Cokes	Aufnahmefähigkeit Liter pro Cubikmeter	406	440	455	429	434	518
	Abnahme der Oxydirbarkeit in Procenten	—	69,0	64,6	62,5	51,0	44,2

Die in der Tabelle wiedergegebenen Zahlen beziehen sich auf den 10. Tag nach Inbetriebsetzung der Oxydationskörper. In den ersten Tagen ergeben sich durch die unregelmässige Benetzung des Materials erhebliche Schwankungen. Aus der Tabelle geht einerseits hervor, dass der Oxydationskörper ein um so grösseres Fassungsvermögen aufweist, je gröber das Material ist, aus dem er sich zusammensetzt, dass andererseits die Abnahme der Oxydirbarkeit durch die Korngrösse des Materials im umgekehrten Sinne beeinflusst wird.

Gleichzeitig zeigt die Tabelle, dass Cokes ein grösseres Fassungsvermögen hat, als Kies von gleicher Korngrösse. Dass der Reinigungseffect des Cokes ein grösserer ist, als bei Kies, wurde schon früher nachgewiesen.

In die folgende Tabelle ist die Aufnahmefähigkeit und der Reinigungseffect für die schon früher besprochenen Kies-Oxydationskörper eingetragen, von denen einer einen Zusatz von Eisen in Form von Nägeln, der andere einen Zusatz von Kalk, der dritte keinen Zusatz erhalten hatte.

Nummer der Füllung	Kies von 5—7 mm Korngrösse		
	mit Eisen	mit Kalk	ohne Zusatz
	Aufnahmefähigkeit in Litern pro Cubikmeter		
10	361	343	329
	Abnahme der Oxydirbarkeit in Procenten		
10	69	61,1	57,1

Durch den Eisenzusatz hat die Aufnahmefähigkeit bis zum zehnten Tage nicht gelitten. Sie erscheint sogar grösser, als bei Kies ohne Zusatz. Trotz der gleich grossen Leistung in quantitativer Beziehung ergiebt sich bei Eisenzusatz, wie schon weiter oben nachgewiesen wurde, ein grösserer Reinigungseffect.

Die folgende Tabelle gestattet einen Vergleich über die Aufnahmefähigkeit und den Reinigungseffect von Thierkohle, Holzkohle, Bimstein, Schlacke, Cokes und Kies von gleicher Korngrösse.

Aufnahmefähigkeit und Reinigungseffect verschiedener Materialien.

	No. der Füllung	Thierkohle 3—7 mm	Holzkohle 3—7 mm	Bimstein 3—7 mm	Schlacke 3—10 mm	Cokes 3—7 mm	Kies 3—7 mm	Cokes 10—30 mm
Aufnahmefähigkeit, Liter pro cbm	1*	771	691	624	607	421	412	556
	2	551	573	527	508	365	339	537
	10	461	567	444	459		267	518
	50	439	467	381	353	351	194	488
Abnahme der Oxydirbarkeit in Procenten	1*	45,1	36,7	18,0	14,3			
	2	72,1	38,9	22,4	31,0	85,8	51,4	37,6
	10	78,7	62,5	40,5	47,8	87,3	83,4	34,2
	50	77,6	69,6	63,0	77,7	87,0	85,8	26,5

*erste Benetzung.

In diese Tabelle ist auch das Fassungsvermögen, welches die verschiedenen Materialien bei der ersten Benetzung zeigen, eingetragen. Ein Vergleich der Aufnahmefähigkeit am ersten und zweiten Tage zeigt, wie nach erfolgter Benetzung die Aufnahmefähigkeit sehr erheblich zurückgeht. Aus der Tabelle lässt sich auch ersehen, wie verschieden das Absinken der Aufnahmefähigkeit bei den verschiedenen Materialien zwischen der 10. und 50. Füllung des Oxydationskörpers sich gestaltet. Das Fassungsvermögen der Thierkohle, die übrigens wegen ihres hohen Preises für practische Zwecke nicht in Betracht kommt, ist nur in sehr geringem Maasse gesunken. Bimstein, Schlacke und Cokes haben um diese Zeit etwa gleiches Fassungsvermögen. Das Fassungsvermögen des Kieses ist nur gering zurückgegangen.

Den grössten Reinigungseffect zeigten anfangs Thierkohle und Cokes. Bei der 10. Füllung weist der Kies einen etwa eben so hohen Reinigungserfolg auf, wie diese beiden Körper. Bei der 50. Füllung hat auch die Schlacke sich bis zu annähernd demselben Grade eingearbeitet, während Holzkohle und Bimstein noch etwas zurückbleiben.

Der Reinigungseffect des groben Cokes von 10 bis 30 mm Korngrösse steht auch bei der 50. Füllung hinter demjenigen der übrigen Körper weit zurück. Sein Fassungsvermögen ist um diese Zeit noch ein wesentlich höheres, als bei den übrigen Materialien.

Neben dem Reinigungseffect ist nicht allein das Fassungsvermögen von ausserordentlich grosser practischer Bedeutung, sondern auch die Geschwindigkeit, mit welcher sich der Oxydationskörper füllen lässt. Bei dem groben Cokes, der Schlacke und dem Bimstein versickert das Wasser bei der 50. Füllung, und wie an anderer Stelle gezeigt werden soll, auch später noch fast ohne jeden Widerstand. Man kann das Abwasser in starkem Strome zuleiten, ohne dass es sich über dem Oxydationskörper ansammelt. Ganz anders verhält es sich mit Kies von 3 bis 7 mm Korngrösse. Dieser nimmt von der Zeit ab, wo er sich ordentlich eingearbeitet hat, nicht nur sehr viel weniger Wasser auf, sondern es lässt sich auch die Füllung des Körpers nur in einer sehr viel längeren Zeit ermöglichen, als bei den übrigen Körpern.

Für Kies von der hier in Frage kommenden Korngrösse mit Eisenzusatz gilt dasselbe und zwar in noch ausgesprochenerem Maasse.

Betrachtet man die eben besprochenen, sehr verschiedenen Ergebnisse, so erhält man den Eindruck, dass es sich bei dem Oxydationsverfahren um eine recht vielseitige Abwasserreinigungsmethode handelt. Man vermag auf Kosten der quantitativen Leistung einen sehr hohen Reinigungsgrad der Abwässer zu erzielen, andererseits kann man, wo nur ein geringer Reinigungseffect zu fordern ist — etwa gleich demjenigen, der sich durch das Kalkklärverfahren erzielen lässt —, durch Anwendung gröberen Materials eine grosse quantitative Leistung erzielen.

Bei Oxydationskörpern, die aus sehr feinkörnigem Material hergestellt sind, wird man den Betrieb nicht bedeutend forciren können, ohne die quantitative Leistungsfähigkeit erheblich zu gefährden. Bei gröberem Material dagegen ist die Gefahr einer Verstopfung der Poren weit geringer.

Durch Zusatz von metallischem Eisen vermag man bei Oxydationskörpern, die aus Kies hergestellt sind, den Reinigungseffect, wie wir gesehen haben, zu vergrössern, es ist aber eine alte Erfahrung, dass das sich bald bildende Eisenhydroxyd, auf welches diese Wirkung zurückzuführen ist, zu einer Verstopfung bezw. Herabsetzung der quantitativen Leistung in hervorragendem Maasse beiträgt. In dem oben beschriebenen Kieskörper bildeten sich um die einzelnen Nägel herum Bröckchen aus Kiesmaterial, die durch den Eisenschlamm ziemlich fest aneinander gekittet waren. Bei Anwendung von sehr grobem Kies wird man durch sachgemäss und in vorsichtiger Weise ausgeführten Eisenzusatz, ohne Gefahr einer zu grossen Einschränkung der quantitativen Leistungsfähigkeit, den qualitativen Erfolg nicht unwesentlich erhöhen können. Nach unseren Erfahrungen bekleiden sich in einem solchen Oxydationskörper die einzelnen Steine mit einer Schicht von Eisenhydroxyd, welche bewirkt, dass trotz der Grösse der Poren eine kräftige Absorptionswirkung erzielt wird.

Die Ergebnisse der oben beschriebenen Versuche berechtigen zu folgenden Schlüssen: Bei dem Oxydationsverfahren werden die gelösten organischen Substanzen zum grössten Theil durch Absorptionswirkungen aus den Abwässern ausgeschieden. Der in Bezug auf Herabsetzung der gelösten organischen Substanzen durch diese Verfahren zu erzielende Reinheitsgrad der Abwässer ist also in erster Linie abhängig von dem Absorptionsvermögen des Oxydationskörpers. Dieses wächst im Laufe der Zeit in jedem Oxydationskörper, der täglich ein oder mehrere Male mit Abwässern beschickt wird. Das Anwachsen der Wirksamkeit wird hauptsächlich bedingt durch die Anhäufung organischer Substanzen von hohem Absorptionsvermögen. Es erfolgt jedoch bei verschiedenartigen Oxydationskörpern in verschiedener Weise und ist deshalb auch abhängig von der Beschaffenheit des Oxydationskörpers selbst.

Die fäulnissfähigen Substanzen, welche, sei es durch Filterung, sei es durch Absorptionswirkung in dem Oxydationskörper zurückgehalten sind, verfallen Verwesungsprocessen, welche um so energischer ausfallen, je mehr bakterienhaltige zersetzungsfähige Substanzen angehäuft werden und je leichter der Zutritt atmosphärischen Sauerstoffs erfolgen kann.

Materialien, welche gelöste organische Substanzen absorbiren, absorbiren in der Regel auch Sauerstoff mit gleich grosser Energie. In Folge dessen eignen sich diese absorbirenden Materialien nicht nur zum Festhalten der fäulnissfähigen Substanzen, sondern sie ermöglichen auch eine schnelle Zersetzung derselben. Erfolgt diese Zersetzung der fäulnissfähigen Substanzen nicht, so wird die Absorptionskraft des Oxydationskörpers sehr bald erschöpft. Diejenigen Processe, welche eine Regenerirung des Oxydationskörpers bewirken, entwickeln sich um so energischer, je intensiver der Oxydationskörper in Anspruch genommen wurde.

Die Absorptionskräfte kommen um so mehr zur Geltung, je grösser die Oberflächenentfaltung des Oxydationskörpers ist. Feinkörnige Materialien absorbiren deshalb besser, als grobkörnige von sonst gleicher Structur und Zusammensetzung. Aber ihr Fassungsvermögen ist geringer als dasjenige grobkörniger Materialien und ihre Füllung mit Abwässern erfordert mehr Zeit, als bei solchen Materialien, bei denen die einzelnen Körner und deshalb auch die Poren und Gänge grösser sind. Oxydationskörper, welche den grössten Reinigungserfolg in qualitativer Beziehung gewährleisten, stehen deshalb in ihren quantitativen Leistungen zurück hinter denen, die einen geringeren Reinheitsgrad der Abwässer bewirken. Dieser Satz gilt nur für Materialien von gleicher chemischer Zusammensetzung und von gleicher Structur. Auf Materialien von verschiedener Structur und chemischer Zusammensetzung ist er nicht direct anwendbar. Durch eisenhaltigen Kies z. B. erfahren die Abwässer eine intensivere Reinigung, als durch eisenfreien Kies von gleicher Korngrösse und gleichem Porenvolumen. Durch Cokes wird ein grösserer Reinigungserfolg erzielt, als z. B. durch Bimstein oder eisenfreien Kies von gleichem, bezw. sogar geringerem Porenvolumen.

5.

Aus dem staatlichen Hygienischen Institut in Hamburg.

Beitrag zur Beurtheilung der Anwendbarkeit des Oxydationsverfahrens für die Reinigung städtischer Abwässer.

Von

Prof. Dr. **Dunbar,**
Director des Hygienischen Instituts.   und   Dr. **G. Zirn,**
Chemiker der Versuchskläranlage
für Sielwässer.

Die Schlusssätze der vorstehenden Arbeit sind von grundlegender Bedeutung für die Beurtheilung des Materials, das zum Aufbau eines Oxydationskörpers dienen soll. Sie sind zum Theil an der Hand der Ergebnisse von Experimenten aufgestellt worden, die an recht kleinen Oxydationskörpern ausgeführt wurden. Nachstehend sollen diejenigen Untersuchungsergebnisse in Erörterung gezogen werden, welche wir bei Anwendung von Oxydationskörpern gewannen, die ein Volumen von 2 bis etwa 100 Cubikmetern hatten. Die hier in Frage kommenden Ergebnisse können einerseits dazu dienen, die obigen Sätze auf ihre Richtigkeit zu prüfen, andererseits aber geben sie Aufschlüsse über die Bedeutung der Lüftungsperioden, über die Folgen einer zu sehr forcirten Betriebsweise und über andere praktisch wichtige Fragen.

Versuchsanlage und Charakter der in ihr behandelten Abwässer.

Die mitzutheilenden Versuche wurden in der Hamburger Klärversuchsanlage angestellt, welche an anderer Stelle[1] beschrieben worden ist.

---

[1] Deutsche Vierteljahrsschrift f. öffentl. Gesundheitspflege. Bd. 31. S. 636.

Diese Klärversuchsanlage enthält 3 Becken von je 64 Quadratmetern Grundfläche. Zwei der zu beschreibenden Oxydationskörper füllten je ein solches Becken vollständig aus. Bezüglich der näheren Details über die Anlage müssen wir auf die citirte Veröffentlichung verweisen. Zur Charakterisirung der dort behandelten Abwässer möge Folgendes dienen:

Es handelt sich der Hauptsache nach um Abwässer des Eppendorfer Krankenhauses, welches mit Schwemmcanalisation nach dem Sammelsystem versehen ist und bei einer Personenzahl von etwa 2000 Köpfen täglich etwa 800 Cubikmeter Abwässer producirt. Der Schmutzgehalt dieser Abwässer variirt zu verschiedenen Tageszeiten beträchtlich. Die Entnahme der zu behandelnden Abwässer erfolgte fast durchweg zu solchen Tageszeiten, wo ihr Schmutzgehalt, bemessen nach der Oxydirbarkeit, nicht geringer war, als derjenige der Abwässer von Städten, welche einen Wasserconsum von etwa 100 Litern pro Kopf und Tag haben. An Regentagen wurden die behandelten Abwässer nicht in der Regel, sondern nur gelegentlich orientirungsweise analysirt. Dabei zeigte sich, dass sie dann einen höheren Reinheitsgrad haben, als an trockenen Tagen.

Die beschriebenen Abwässer passirten in der Kläranlage einen Sandfang von 3,7 bei 2,0 Quadradmetern Grundfläche, in dessen Mitte ein senkrecht stehendes Gitter von 1 cm weiten Zwischenräumen die gröberen schwimmenden Schmutzstoffe, wie z. B. Zeugfetzen etc., zurückhält. In dem Sandfang lagern sich grössere Mengen von Sinkstoffen ab. Die angestellten Messungen ergaben etwa 100 bis 300 Liter pro Tag.

Im Vergleich zu den relativ grossen Abwassermengen ist der Gesammtraum des Sandfanges gering. Die Abwässer passiren denselben innerhalb 5 bis 12 Minuten. Immerhin zeigt die oben angegebene Menge des sich in ihm ansammelnden Schlammes, dass er von nicht unerheblicher Wirksamkeit ist. Nach Passiren des Sandfanges beträgt der Gehalt der Abwässer an schwebenden Schmutzstoffen im Mittel nur noch etwa 200 mg pro Liter (Trockensubstanz, bei 110 ° C. getrocknet).

Zu den unten zu besprechenden Reinigungsversuchen wurde das Abwasser so verwendet, wie es aus dem Sandfang austritt. Wir haben es in diesem Zustande nachstehend als Rohwasser bezeichnet.

Orientirung über die zu beschreibenden Versuche.

Das Oxydationsverfahren gestaltet sich ausserordentlich einfach. Die Abwässer werden in den Oxydationskörper eingeleitet, bleiben in demselben eine gewisse Zeit lang stehen und werden dann in gereinigtem Zustande abgelassen. Diese Betriebsart kann man das „einfache Oxydationsverfahren" nennen im Vergleich zur folgenden Betriebsanordnung, die als „doppeltes Oxydationsverfahren" zu bezeichnen sein dürfte. Bei diesem letzteren wird das Abwasser nach Passiren eines Oxydationskörpers in einen zweiten Körper geleitet, wo es wiederum eine gewisse Zeit stehen bleibt, um erst dann als gereinigt aus der Anlage abgelassen zu werden. Den ersten der beiden bei dem doppelten Verfahren zur Anwendung kommenden Oxydationskörper kann man als primären, den zweiten als secundären Oxydationskörper bezeichnen. Es würden sich eventuell noch zweckmässigere Namen dafür vorschlagen lassen, doch ist in England die eben angeführte Bezeichnung eingeführt worden und es liegt im Interesse einer leichteren Verständigung, diese Namen auch in Deutschland beizubehalten.

Der primäre Oxydationskörper hat die Aufgabe, den secundären Körper zu entlasten, gröbere schwebende Schmutzstoffe festzuhalten, namentlich Gewebsfetzen und schleimige Bestandtheile, welche geeignet sind, feinkörniges Material schnell zu verstopfen. Wir haben ihn aus einem grobkörnigeren Material und kleiner hergestellt, als die secundären Oxydationskörper. Letzteres aus dem Grunde, weil einerseits eine Verstopfung bei gröberem Material weit langsamer eintritt, als bei feinkörnigem Material, und andererseits weil ein thunlichst geringes Volumen erwünscht ist, damit sich die Reinigung mit möglichst geringem Zeitaufwand und geringen Unkosten bewirken lässt.

Die Kosten der baulichen Anlagen für das Oxydationsverfahren werden sich gelegentlich so hoch stellen, dass man darnach trachten muss, den Umfang dieser Anlagen nach Möglichkeit einzuschränken. In England geschieht dies dadurch, dass man die Oxydationskörper täglich bis zu 3 Malen füllt. Bei einfachen Oxydationsanlagen, welche die Aufgabe haben, die Abwässer von der Fäulnissfähigkeit vollständig zu befreien, — die deshalb aus verhältnissmässig recht feinkörnigem Material hergestellt werden müssen, — bedeutet eine täglich dreimalige Füllung mit Abwässern, die nicht sehr verdünnt sind, eine nicht unerhebliche Ueberlastung, die zur beschleunigten Verstopfung auch deshalb führen muss, weil bei einem solchen Betriebe durch die grossen producirten Kohlensäuremengen die Verwitterungsprocesse des Gesteins sehr begünstigt werden.

Bei Anwendung des doppelten Oxydationsverfahrens hofften wir nicht allein durch Fernhaltung der gröberen festen Substanzen von den secundären Körpern, sondern auch durch Einschränkung der Zersetzungsprocesse in ihnen und Verlegung des grösseren Theiles derselben nach dem weniger empfindlichen primären Oxydationskörper die Lebensdauer der Anlage zu vergrössern.

Die angestellten Versuche sind nachstehend so zusammengestellt, dass sich einerseits ein Urtheil über den Werth des doppelten Verfahrens im Vergleich zu dem einfachen gewinnen lässt, und dass andererseits die Folgen eines forcirten Betriebes sowohl am einfachen wie auch am doppelten Verfahren sich beurtheilen lassen.

Bei diesem Vergleich kommen nur Oxydationskörper in Betracht, welche Abflüsse liefern, die in Bezug auf äussere Beschaffenheit und chemische Zusammensetzung selbst für den Fall, dass sie eine nennenswerthe Verdünnung in den öffentlichen Gewässern nicht erführen, zu Missständen keinen Anlass geben würden. Der Verkrautung der Wasserläufe wird zwar durch den hohen Gehalt der Abflüsse an Pflanzennährstoffen in solchem Falle Vorschub geleistet werden können. Wir messen ihr aber eine so weitgehende hygienische Bedeutung nicht bei, dass wir sie den hier in Frage kommenden Missständen gleichstellen möchten.

Den eben erwähnten Versuchen haben wir solche voraufgestellt, bei denen eine Reinigung der Abwässer nur bis zu dem Grade angestrebt wurde, wie er etwa dort gefordert werden könnte, wo die Abflüsse in den öffentlichen Gewässern eine erhebliche Verdünnung erfahren und auch im übrigen günstige lokale Verhältnisse vorliegen.

Behandlung von Abwässern in grobkörnigen Oxydationskörpern.

1. Grober Cokes, forcirter Betrieb.

In einen Gährbottich wurden $1^3/_4$ Cubikmeter Cokes von 1 bis 3 cm Korngrösse eingeschüttet und diese als Oxydationskörper verwendet. Der Versuch begann am 22. November 1898 und dauerte bis zum 23. October 1899, also 11 Monate. Innerhalb dieser Zeit wurde der Oxydationskörper etwa 1000 mal mit Abwässern beschickt und zwar täglich bis zu 6 Malen.

Die Abwässer verblieben in der Regel nicht länger als 10 Minuten in dem Oxydationskörper; auch die Lüftungsperioden waren während der Tageszeit relativ kurz. Dagegen blieb der Körper während der Nacht von Abwässern entleert stehen zwecks Regenerirung der Absorptionskraft.

Einen hohen Reinigungserfolg konnte man von einem Körper und einem Betriebe, wie er hier in Frage steht, naturgemäss nicht erwarten. Eine Herabsetzung der Menge fester schwebender Schmutzstoffe erzielten wir nur bis zu solchem Grade, dass die gröberen Partikelchen in dem Cokeskörper zurückgehalten wurden, feinste Partikelchen passirten ihn dagegen.

Die Oxydirbarkeit der Abwässer wurde, wie die folgende Tabelle zeigt, durch den groben Cokeskörper durchschnittlich um etwa 30 pCt. herabgesetzt. Der Reinigungserfolg stieg zwar im Laufe der Zeit mit der zunehmenden Verschlammung des Körpers, die Abnahme der Oxydirbarkeit erreichte aber auch später kaum 40 oder 50 Procent.

Tab. 1.
Grobkörniger Cokes.
Aufnahmefähigkeit und Herabsetzung der Oxydirbarkeit nach je 60 Füllungen.

Datum	No. der Füllung	Zahl der Füllungen pro Tag	Aufnahmefähigkeit in Litern pro cbm	Herabsetzung der Oxybarkeit in pCt.	Bemerkungen.
1898. 22./11.—27./12.	1—60	2	508*	31,4	* Erste Benetzung 556 Liter pro cbm Material.
1898/99. 28./12.—31./1.	61—120	2	488	30,0	
1899. 1./2.—7./3.	121—180	2	469	33,5	** Längere Lüftungsperiode voraufgegangen.
8./3.—29./3.	181—240	2—6	425	28,8	
30./3.—13./4.	241—300	6	395	36,6	*** Körper umgeschaufelt.
14./4.—26./4.	301—360	6	366	30,7	
21./8.—1./9.	697—756	6	349**	31,8	Die höchste procentuelle Herabsetzung der Oxydirbarkeit betrug 52,9 pCt.
2./9.—13./9.	757—816	6	305	32,6	
13./9.—23./9.	817—876	6	357***	32,3	
24./9.—5./10.	877—936	6	334	38,1	
5./10.—16./10.	937—996	6	323	34,6	

Das Aussehen der aus dem Cokes abfliessenden Wässer war anfänglich kaum verschieden von demjenigen der Rohwässer. Jedoch bildete sich Schwefelwasserstoff beziehungsweise Schwefeleisen beim Stehen in mit Glasstöpseln verschlossenen Gefässen in den Abflüssen aus dem Cokeskörper nicht in genügendem Maasse, um den Bodensatz schwärzlich zu verfärben, wogegen der Bodensatz der unbehandelten Abwässer regelmässig eine schwarze Färbung annahm. Auch sedimentirten die Abflüsse innerhalb einiger Tage aus, unter vollständiger Klärung der Flüssigkeit, was bei den unbehandelten Abwässern niemals der Fall war.

Während in den unbehandelten Abwässern ein fauliger Geruch und Geruch nach Schwefelwasserstoff am 3. bis 5. Tage auftritt, zeigt sich ein Schwefelwasserstoffgeruch in den Abflüssen aus dem besprochenen Cokeskörper innerhalb 10 Tagen überhaupt nicht.

Versuche mit Fischen ergaben, dass diese in den Abflüssen aus unserem Cokeskörper 3 bis 5 bezw. 8 Tage lebten, während sie in den unbehandelten Abwässern innerhalb einiger Minuten bis Stunden zu Grunde gingen.

Die obenstehende Tabelle giebt gleichzeitig Aufschluss über die quantitative Leistungsfähigkeit des Cokeskörpers. Bei der ersten Benetzung hatte dieser eine Aufnahmefähigkeit von 556 Litern pro Cubikmeter, nach erfolgter Benetzung eine solche von 537 Litern.

Das Porenvolumen sank nach etwa 100 Füllungen von etwa 54 auf etwa 49 pCt. Im weiteren Verlaufe des Versuches sank die Aufnahmefähigkeit in fortschreitendem Maasse weiter ab und erreichte bei der 1000. Füllung 323 Liter pro Cubikmeter. Um diese Zeit wurde der Cokeskörper herausgenommen und durch Abspülen von dem anhaftenden Schlamm befreit. Durch diese Maassnahme stieg das Porenvolumen wieder auf 43 pCt., der Oxydationskörper vermochte wiederum 430 Liter pro Cubikmeter aufzunehmen. Die ursprüngliche Aufnahmefähigkeit wurde also nicht ganz, aber doch annähernd durch Abspülen wieder erreicht. Der Materialverlust durch das Waschen belief sich auf etwa 8 pCt. des ursprünglichen Körpervolumens.

Bei Beginn des Versuches versickerten die dem groben Cokeskörper zugeleiteten Abwässer sofort, die Füllungsdauer des Körpers war also nur von der zufliessenden Abwassermenge abhängig und betrug ungefähr 3 Minuten. Nachdem der Körper annähernd 800mal gefüllt war, verlängerte sich die Füllungsdauer auf etwa 4 Minuten, dann aber stieg der Widerstand in dem Cokes sehr schnell soweit, dass die Füllung desselben 17 Minuten in Anspruch nahm. Der Körper wurde darauf vollständig umgegraben und zwar mit dem Erfolge, dass das zugeleitete Abwasser wiederum sofort wegsickerte. Dieser Erfolg war ein nachhaltiger, denn der Körper ist inzwischen mehrere hundert Male gefüllt worden, ohne dass sich die Füllungsdauer dabei wiederum verlängert hätte.

Ein Einfluss der kälteren oder wärmeren Jahreszeit lässt sich aus den Ergebnissen unserer Untersuchungen nicht ableiten. Allerdings ist die Temperatur der von uns behandelten Abwässer nicht unter 10° C. gesunken.

Obiger Versuch zeigt, dass durch relativ grobkörnigen Cokes, der täglich bis zu 6 Malen mit Haushaltungsabwässern beschickt wird, eine Reinigung dieser Abwässer sich bis zu dem Grade erzielen lässt, dass es in ihnen zur Schwefelwasserstoffbildung nicht mehr in genügendem Maasse kommt, um das Fischleben in den Gewässern zu gefährden, welche so behandelte Abwässer aufnehmen. Auch sind grobsinnlich wahrnehmbare Veränderungen des Flusslaufes durch Zuleitung der in einem solchen Cokeskörper behandelten Abwässer nicht zu befürchten, selbst für den Fall, dass die gereinigten Abwässer nur eine relativ geringe Verdünnung erfahren.

Füllt man einen Oxydationskörper von so grobem Material, wie es eben beschrieben wurde, täglich 6 mal mit nicht zu concentrirten städtischen Abwässern, so hat man damit zu rechnen, dass die Reinigung des Körpers durch Abspülen sich etwa 2 mal im Jahre nothwendig erweisen wird.

Bei einem Wasserconsum von 100 Litern pro Kopf und Tag wird bei Ausschluss der meteorischen Niederschläge auf je 25 Personen 1 Cubikmeter Oxydationskörper vorzusehen sein.

Der Reinigungserfolg, wie er durch einen derartigen Oxydationskörper erreicht werden kann, steht, soweit die Herabsetzung der Fäulnissfähigkeit in Frage kommt, nicht zurück hinter demjenigen des einfachen Kalkklärverfahrens.

2. Grober Cokes, Ziegelsteine und Kies, schonender Betrieb.

Bei den eben beschriebenen Versuchen blieb das Abwasser jedesmal nur relativ kurze Zeit in dem Oxydationskörper stehen, und dieser wurde täglich verhältnissmässig sehr häufig gefüllt. Nimmt man die Füllung täglich nur einmal vor und lässt man das Abwasser jedesmal längere Zeit in dem Oxydationskörper stehen, so erhält man einen weit höheren Reinigungserfolg. Das lässt sich aus der nachstehenden Tabelle entnehmen, in welche u. a. auch die Ergebnisse eingetragen sind, welche mit Cokes erzielt wurden, der dieselbe Beschaffenheit hatte, wie der beim ersten Versuche gebrauchte. Nur erfolgte die Füllung täglich einmal und blieben die Abwässer länger in dem Oxydationskörper stehen.

Die Tabelle gestattet gleichzeitig einen Vergleich der Wirkungsweise von Ziegelsteinen von etwa gleicher Korngrösse und von Kies von etwas geringerer Korngrösse.

Die Oxydationskörper wurden aus je 2 Cubikmetern des bezeichneten Materials hergestellt, sämmtlich gleichzeitig mit gleichem Abwasser gefüllt und auch im Uebrigen gleichmässig betrieben in der Weise, dass das Abwasser in dem Oxydationskörper 4 Stunden stehen blieb und darauf abgelassen wurde, so dass sich täglich eine Lüftungsperiode von annähernd 20 Stunden ergab.

Der Versuch begann gegen Ende September 1898 und wurde bis zum März 1899 fortgesetzt.

Die äussere Beschaffenheit der Abwässer wurde bei den in Frage stehenden Versuchen, soweit Klarheit, Durchsichtigkeit und Farbe in Betracht kommt, nicht in so durchgreifendem Maasse verändert, dass die Abflüsse den höchsten Anforderungen entsprochen hätten.

Die Abflüsse der Oxydationskörper rochen erdig bezw. moderig; gelegentlich ergaben sich auch Abflüsse, die kohlartigen bezw. schwach fäkalischen Geruch zeigten, der sich aber beim Stehen an der Luft nicht verschlimmerte, sondern bald verlor.

Die Herabsetzung der Oxydirbarkeit erfolgte anfangs durch den Cokes in erheblich höherem Grade, als bei Ziegelsteinen. Später glich sich dieser Unterschied mehr aus. Sowohl der Cokes wie auch Ziegelsteine und Kies setzten die Oxydirbarkeit auf etwa die Hälfte herab, gelegentlich auf ein Drittel bezw. ein Viertel.

(Tabelle 2 siehe umstehend.)

Das in starkem Strome zugeleitete Abwasser versickerte in sämmtlichen Oxydationskörpern sofort. Der Kies vermochte anfänglich 409 Liter pro Cubikmeter aufzunehmen, die Ziegelsteine 432, der Cokes 480 Liter pro Cubikmeter. Nachdem die Oxydationskörper an 97 Tagen regelmässig gefüllt worden waren, hatte die Aufnahmefähigkeit bei den Ziegelsteinen um 12 pCt. abgenommen, bei Kies um 20 pCt. Bei der 145. Füllung hatten die Ziegelsteine 23 pCt. ihrer Aufnahmefähigkeit eingebüsst, der Kies 27 pCt. Die quantitative Leistung der Ziegelsteine war stets etwas grösser, als diejenige des Kieses. Die Versuche mit dem Cokes waren vorher abgebrochen.

Die Versuche mit Ziegelsteinbrocken haben insofern ein Interesse, als in England bekanntlich Oxydationskörper aus Thon hergestellt

Tab. 2.

Aufnahmefähigkeit und Herabsetzung der Oxydirbarkeit in grobkörnigem Material.

Datum	No. der Füllung	Kaliumpermanganatverbrauch mgr pro Liter (filtrirt)				Abnahme der Oxydirbarkeit in Procenten			Aufnahmefähigkeit in Litern pro cbm		
		Roh-wasser	Kies 0,5—1,5 cm	Ziegel-steine 1—2,5 cm	Cokes 1—3 cm	Kies 0,5—1,5 cm	Ziegel-steine 1—2,5 cm	Cokes 1—3 cm	Kies 0,5—1,5 cm	Ziegel-steine 1—2,5 cm	Cokes 1—3 cm
1898											
21. 9.	1	338	263	257	166	22,2	23,9	50,9	—	—	—
22. 9.	2	348	228	207	153	34,5	40,5	56,0	—	—	—
23. 9.	3	483	346	295	203	28,4	38,9	58,0	—	—	—
26. 9.	5	391	260	231	166	33,4	41,0	57,7	—	—	—
27. 9.	6	414	216	192	166	47,8	53,6	60,1	409	432	480
30. 9.	9	399	229	229	172	42,6	42,6	56,8	—	—	—
4. 10.	12	444	260	258	210	41,4	42,1	52,7	—	—	—
7. 10.	15	296	157	160	127	46,9	46,0	57,1	—	—	—
11. 10.	18	260	166	161	114	36,1	38,1	56,2	406	426	436
27. 10.	32	508	158	155	121	68,9	69,4	76,2	360	395	397
11. 11.	38	360	189	168	—	47,5	53,3	—	388	410	—
25. 11.	49	280	187	166	—	33,2	40,7	—	364	400	—
10. 12.	62	431	197	175	—	54,3	59,4	—	339	415	—
27. 12.	75	462	169	172	—	63,4	62,8	—	327	410	—
1899											
6. 1.	84	412	197	197	—	52,2	52,2	—	327	379	—
24. 1.	97	310	132	103	—	57,4	66,8	—	327	379	—
10. 2,	112	390	123	118	—	68,5	69,7	—	272	359	—
21. 2.	121	299	141	138	—	52,8	58,9	—	291	349	—
10. 3.	145	309	149	140	—	51,8	54,7	—	297	333	—

worden sind, der gebrannt wurde, aber nicht bis zu einer solchen Festigkeit, wie Ziegelsteine sie aufweisen. Die Verstopfungserscheinungen werden bei einem derartigen Material voraussichtlich eher auftreten, als es bei den von uns geprüften Ziegelsteinen geschah.

Dort, wo sich die Herstellung eines Oxydationskörpers aus Ziegelsteinbrocken, wie sie unsererseits verwendet wurden, ebenso billig gestaltet, wie die Verwendung von grobem Kies oder Cokes, würde ihre Benutzung gelegentlich in Frage kommen können. Der zu erzielende Reinigungserfolg ist reichlich so gut, wie er von Kies von gleicher quantitativer Leistungsfähigkeit erwartet werden darf. Durch Cokes von gleicher quantitativer Leistungsfähigkeit lässt sich dagegen ein grösserer Reinigungserfolg erzielen.

Bei der oben beschriebenen Betriebsweise dürfte sich die Regenerirung der Oxydationskörper einmal im Jahre nothwendig erweisen.

Der Reinigungserfolg, welcher mittelst der drei oben beschriebenen Oxydationskörper erzielt wird, übertrifft, wie schon erwähnt, denjenigen des zuerst geschilderten, mehr forcirt betriebenen Oxydationskörpers nicht unwesentlich.

In Flussläufen, denen Abflüsse, wie sie hier erzielt wurden, zugeleitet werden, ist selbst bei sehr geringer Verdünnung der Abflüsse eine Gefährdung des Fischlebens nicht zu befürchten, ebenso wenig grobsinnlich wahrnehmbare Veränderungen des Flusses. Nach den Ergebnissen experimenteller Untersuchungen dürfte eine 3 bis 4 fache Verdünnung der Abflüsse genügen, um derartige Missstände in den Flussläufen auszuschliessen.

Der erlangte Reinheitsgrad ist, soweit die Herabsetzung der Fäulnissfähigkeit in Frage kommt, ein wesentlich höherer, als er sich durch das gewöhnliche Kalkklärverfahren erzielen lässt. In Bezug auf Klarheit und Farbe stehen die eben beschriebenen Abflüsse freilich zurück hinter dem Product, das man mittelst rationell betriebener Kalkklärung zu erreichen vermag.

Behandlung von Abwässern in feinkörnigen Oxydationskörpern mit und ohne Vorbehandlung in primären Körpern.

Durch Behandlung in Oxydationskörpern von so grobkörnigem Material, wie dem oben beschriebenen, verlieren die Abwässer, wie wir gesehen haben, ihre Fäulnissfähigkeit nur bis zu solchem Grade, dass es in ihnen nicht zur Bildung von Schwefelwasserstoff kommt.

Jedoch zeigen die Abflüsse aus solchen Oxydationskörpern gelegentlich einen kohlartigen bezw. leicht fauligen Geruch. Durch Oxydationskörper von der nunmehr zu beschreibenden Beschaffenheit lässt sich die Fäulnissfähigkeit der Abflüsse völlig beseitigen.

A. Einmalige Füllung pro Tag.

a) Einfaches Verfahren.

1. Oxydationskörper aus Schlacke.

Der Oxydationskörper hat eine Höhe von 1 Meter und eine Grundfläche von 64 Quadratmetern. Er ist eingebaut worden in ein gemauertes Bassin und ist am Grunde ausgestattet mit Canälen, die aus lose aufgestellten Ziegelsteinen hergestellt sind und den Zweck haben, die Entleerung des Oxydationskörpers möglichst zu erleichtern und zu beschleunigen.

Zum Aufbau des Oxydationskörpers wurde ausgesiebter Schlackengruss der Hamburger Müllverbrennungsanstalt verwendet, deren Bestandtheile folgende Grösse hatten:

Von 100 Gewichtstheilen Schlacke sind

grösser als	7 mm		18	Theile
zwischen	7 und 5 mm		46	„
„	5 und 4	„	21	„
„	4 und 3	„	12	„
kleiner als	3 mm		3	„

Die hier verwendete Schlacke hatte schon vorher zu Versuchen über das Oxydationsverfahren gedient, welche an anderer Stelle beschrieben sind[1]). Nach Abschluss der vorhergehenden Versuche wurde die Schlacke mittelst rohen Sielwassers abgespült und darauf zum Aufbau des eben beschriebenen Oxydationskörpers verwendet. Dieser wurde am 17. August 1898 in Betrieb genommen und seither täglich einmal mit Abwässern beschickt. Die Abwässer blieben zeitweise 2 Stunden, zeitweise auch 4 Stunden in dem Oxydationskörper stehen. Die Füllung des Oxydationskörpers beansprucht 20 Minuten, bei geringerem Zufluss der Rohwässer 25 Minuten. Die Entleerung des Körpers erfolgt innerhalb 10 Minuten, die Lüftungsperioden beliefen sich also auf reichlich 19 bis 21 Stunden.

Der Reinigungserfolg, den wir mit dem in Frage stehenden

---

1) Deutsche Vierteljahrsschrift f. öffentl. Gesundheitspflege. Bd. 31. S. 625.

Oxydationskörper erzielten, ist an anderer Stelle schon des Näheren beschrieben worden. An dieser Stelle rekapituliren wir die wesentlichsten Punkte nur kurz, um den Vergleich mit später beschriebenen Versuchen zu ermöglichen.

Die folgenden Angaben sind die Mittel aus sämmtlichen im jeweiligen Betriebsmonat ausgeführten Bestimmungen.

Was zunächst die äussere Beschaffenheit anbetrifft, so beläuft sich die Durchsichtigkeit[1]) der Rohwässer auf 1,4 bis 2,3 cm, diejenige der Abflüsse aus dem Oxydationskörper auf 4,4 bis 8,4 cm. Der in diesen Zahlen zum Ausdruck kommende Klärerfolg war im Allgemeinen um so grösser, je länger die Abwässer im Oxydationskörper gestanden hatten.

Die Fähigkeit, in stinkende Fäulniss überzugehen, hatten die Abflüsse vollständig verloren. Ihr Geruch war moderig oder erdig. Selbst in dicht verschlossenen Flaschen aufbewahrt, nahmen sie keinen unangenehmen Geruch an. An einzelnen Tagen zeigten die Abflüsse einen kohlartigen Geruch, der sich aber auch in geschlossenen Flaschen innerhalb einiger Tage verlor. In offenen Cylindern aufbewahrt, verloren die Proben innerhalb eines Tages jedwede Andeutung von Geruch.

Uebrigens wurden die einschlägigen Bestimmungen unter allen Cautelen ausgeführt; so z. B. wurden die Proben im Winter in ein geheiztes Laboratorium gebracht, damit sie normale Zimmertemperatur annehmen sollten; durch diese Maassnahme werden noch Gerüche wahrnehmbar, die an Proben von geringerer Temperatur nicht erkennbar sein würden.

Die Rohwässer enthielten an suspendirten Stoffen (Trockenrückstand, bei 110° C. getrocknet) in monatlichen Mitteln 148 bis 312 mg im Liter, die Schlackenabflüsse durchschnittlich 34 mg.

Die Herabsetzung der Oxydirbarkeit belief sich auf 64 bis

---

1) Die Durchsichtigkeit haben wir in folgender Weise bestimmt: Ein an beiden Enden offener, an einem Ende abgeschliffener Cylinder wurde unter Anwendung einer Gummidichtung an dem geschliffenen Ende mit einer klaren, planen Glasplatte geschlossen. Unter diese Glasplatte wurde eine Snellen'sche Leseprobe No. 1 gelegt. Von dem in den Cylinder gebrachten Abwasser wurde mittelst eines nahe dem unteren Ende des Cylinders befindlichen Auslaufs so viel abgelassen, bis man die einzelnen Buchstaben der Leseprobe deutlich erkennen konnte. Eine gründliche Durchmischung und schnelle Einstellung ist nothwendig, damit Ablagerungen auf dem Boden des Cylinders vermieden werden.

74 Procent und kam in der Regel der letzteren Grenze näher, als der ersteren. Solche Rohwasserproben, deren Oxydirbarkeit sich zwischen 400 bis 500 mg Permanganatverbrauch im Liter bewegte, wurden durch den Oxydationskörper so weit gereinigt, dass die Abflüsse pro Liter 86 bis 134 mg Permanganat verbrauchten. Der hiernach berechnete Reinigungserfolg beläuft sich auf etwa 70 bis 80 pCt.

Procentual ausgedrückt sinkt die Abnahme der Oxydirbarkeit mit der Abnahme der Schmutzstoffe im Rohwasser, obgleich die behandelten Abflüsse, welche von Rohwässern von geringerem Schmutzgehalt herstammen, in der Regel eine etwas geringere absolute Oxydirbarkeit zeigen, als die Abflüsse, die von schmutzigerem Rohwasser erzielt werden. Die angeführten Erfolge in Bezug auf Herabsetzung der Oxydirbarkeit und Beseitigung der Fäulnissfähigkeit stehen nach obigem den Ergebnissen nicht nach, welche man mittelst guter Rieselfelder zu erzielen vermag.

(Siehe Tabelle 3 Seite 103.)

Die Untersuchungsergebnisse berechtigen uns zu dem Schlusse, dass die beschriebene Behandlung in dem Oxydationskörper genügt hat, um die in den Abwässern enthaltenen complicirteren Verbindungen des Kohlenstoffs, Stickstoffs und Schwefels so weit zu zerlegen und ihre Componenten so weit mit Sauerstoff zu beladen, dass sie solchen Zersetzungen, die zur Bildung stinkender Gase führen, nicht mehr zugänglich sind.

Eine Oxydation des in dem Rohwasser enthaltenen Stickstoffs zu **salpetriger Säure** und **Salpetersäure** fand in dem Oxydationskörper während der ersten Monate nicht statt. Der in der Bildung von salpetriger Säure bezw. Salpetersäure zum Ausdruck kommende höchste Grad der Oxydation wurde in dieser Zeit also· nicht erreicht, sondern der grösste Theil des Stickstoffs verliess unseren Oxydationskörper in Form von Ammoniak. Später dagegen bildeten sich bei jeder Operation pro Liter Abwasser bis zu 56,4 mg Salpetersäure, ein Beweis dafür, dass die Wirksamkeit des in Frage stehenden Oxydationskörpers mit der Zeit nicht ab-, sondern zunahm.

Auf die Frage über Herabsetzung des Gehaltes an **organischem Stickstoff** und **Albuminoid-Ammoniak** soll hier nicht näher eingegangen werden, ebensowenig auf die Veränderung des **Abdampfrückstandes** und **Glühverlustes**. Auch soll hier die Frage, betr. **Kohlensäureproduction** und **Sauerstoffverbrauch** nicht näher

Tab. 3.

Einfaches Oxydationsverfahren. Schlackenkörper. Durchsichtigkeitsgrad, Geruch und Herabsetzung der Oxydirbarkeit in monatlichen Mitteln.

Betriebsmonat	Durchsichtig-keit in cm		Geruch		Oxydirbarkeit Permanganat-verbrauch mgr pro Liter (filtrirt)		Ab-nahme in pCt.	
	R[1]	Sch.[2]	R.	Sch.	R.	Sch.	Sch.	
1.	1,8	6,3	fäkalisch	moderig bis kohlartig	357	115	67,8	
2.	1,4	5,4	„	erdig bis moderig	358	100	72,1	
3.	1,5	6,6	„	erdig bis schwach kohlartig	288	86	70,1	
4.	1,7	6,5	„	erdig bis moderig	384	108	71,9	
5.	1,8	6,3	„	erdig bis schwach moderig	353	99	71,9	
6.	2,2	7,4	„	erdig-moderig	359	109	69,6	
7.	1,5	5,9	„	moderig	318	113	64,5	
8.	2,0	7,1	„	modrig bis schwach kohlartig	368	98	73,4	
11.	2,3	8,4	„	moderig	365	95	74,0	Bei einer Periode zeigte d. Schlacken-abfluss mässig fau-ligen Geruch.
13.	1,9	5,2	„	erdig bis moderig	306	96	68,6	
14.	1,4	4,4	„	moderig bis stark moderig	366	101	72,4	

[1] R = Rohwasser; [2] Sch = Schlackenabfluss.

berührt werden; eingehendere Angaben über diese Punkte finden sich in der schon citirten Veröffentlichung.

Erwähnung mag die Beobachtung noch finden, dass durch nachträgliche Sandfiltration sich fast sämmtliches Ammoniak aus den Abflüssen des Oxydationskörpers beseitigen lässt, und dass eine solche Filtration, in geeigneter vorsichtiger Weise betrieben, ein völlig klares, in der Regel auch völlig farbloses Product ergiebt. Auch die oben bezeichneten Geruchsnuancen lassen sich durch eine derartige Nachbehandlung beseitigen. Nur in seltenen Fällen dürfte jedoch eine so durchgreifende Reinigung der Abwässer zu fordern sein.

Wichtig schien uns die Beobachtung, dass Fische, die in dem Rohwasser innerhalb 5 Minuten bis 2 Stunden abstarben, durch die Abflüsse aus den Oxydationskörpern nicht geschädigt wurden. Bitterlinge, Weissfische, Karauschen, Stinte, Schleie, Karpfen und Goldfische hielten sich monatelang in Gefässen munter, die täglich mit frischen unverdünnten Abflüssen aus dem besprochenen Oxydationskörper gefüllt wurden.

Quantitative Leistungsfähigkeit: Die Aufnahmefähigkeit unseres Oxydationskörpers, verrechnet auf den Cubikmeter des letzteren, hat in dem jetzt mehr als einjährigen Betriebe in relativ geringem Maasse abgenommen. Ein Cubikmeter des Schlackenkörpers vermochte bei Beginn der Versuchsperiode 328 Liter Abwasser aufzunehmen; zur Zeit, nachdem der Körper etwa 400 mal gefüllt gewesen ist, vermag ein Cubikmeter noch 297 Liter Abwasser zu fassen. Das Porenvolumen ist also von 32,8 auf 29,7 pCt. zurückgegangen. Das Fassungsvermögen des Oxydationskörpers für Abwässer hat um 9,4 pCt. abgenommen.

Es ist hier aber noch in Betracht zu ziehen, dass das Volumen unseres Oxydationskörpers durch Zusammensinterung im Laufe der einjährigen Versuchsperiode um 3 cbm verloren hat. Es ist dieses der Ausdruck der Verwitterungsprocesse, die sich in dem Material des Oydationskörpers abspielen. Die Abflüsse aus dem Oxydationskörper sind, selbst wenn man die Salpetersäure abzieht, reicher an mineralischen Bestandtheilen, als die Zuflüsse. Es findet also, namentlich in Folge der ausgiebigen Kohlensäurebildung, bis zu einem gewissen Grade eine Auslaugung des Materials statt, aus welchem der Oxydationskörper hergestellt ist.

Der in Frage stehende Oxydationskörper wurde nach Ablauf der einjährigen Versuchsperiode bis zu einer Tiefe von 25 bis 30 cm umgestochen, welche Maassnahme sein Volumen und seine Aufnahmefähigkeit vorübergehend bis zu einem gewissen Grade erhöhte.

Wenn nach dem Gesagten der Reinigungserfolg, den wir bei den beschriebenen Versuchen erzielten, ein im Hinblick auf die Einfachheit des Verfahrens überraschend günstiger war, so darf doch nicht ausser Acht gelassen werden, dass die von uns behandelten Abwässer einen Verdünnungsgrad hatten, wie er sich nicht bei allen Gemeinden findet.

Der Frage, ob auch bei weit concentrirteren Abwässern gleich gute Resultate zu erzielen seien, vermögen wir an der Hand eigener in grösserem Maassstabe ausgeführter Versuche nicht näher zu treten. In Hinsicht auf die Ergebnisse gewisser nicht hierher gehöriger Versuche sind wir aber der Ansicht, dass auch concentrirtere Abwässer sich bei Berücksichtigung sämmtlicher vorliegenden Erfahrungen mit gleich gutem Erfolge werden reinigen lassen.

2. Oxydationskörper aus Kies.

Der nachstehend beschriebene Versuch sollte Aufschluss darüber geben, wie sich Kies im Vergleich zu Schlacke zur Herstellung von Oxydationskörpern eignen würde.

Der verwendete Kies setzte sich wie folgt zusammen:

Von 100 Gewichtstheilen Kies sind:

grösser als	7 mm		1,5	Theile,
zwischen	7 und 5 mm	26,0	„
	„	5 und 4 „	24,5	„
	„	4 und 3 „	21,0	„
	„	3 und 2 „	10,5	„
kleiner als	2	„	16,5	„

$1^3/_4$ Cubikmeter dieses Materials wurden in einen mit Blech ausgeschlagenen Kasten von 70 cm Höhe gebracht, auf dessen Boden eine 5 cm hohe Schicht gröberen Kieses gelagert war, um die Drainirung des Oydationskörpers zu erleichtern.

Der beschriebene Kieskörper wurde täglich einmal mit Abwässern beschickt, die 4 Stunden in ihm stehen blieben. Die Füllung des Körpers beanspruchte anfänglich nur wenige Minuten, ebenso die Entleerung, so dass die Lüftungsperiode annähernd 20 Stunden währte. Später verschoben sich, wie wir noch sehen werden, diese Verhältnisse etwas.

Die Inbetriebnahme des Kiesoxydationskörpers erfolgte am 11. November 1898, der Versuch erstreckte sich auf 4 Monate, nämlich bis zum 11. März 1899.

Die Abflüsse aus dem in Frage stehenden Oxydationskörper waren von opalescirendem Aussehen, die Durchsichtigkeit, nach der oben beschriebenen Methode bestimmt, schwankte zwischen 7 und

15 cm. Im Aussehen waren also diese Abflüsse reichlich so gut, wie die Abflüsse aus dem eben beschriebenen Schlackenkörper. Sie hatten bei der Entleerung einen moderig erdigen Geruch, der bei 10 tägiger Beobachtung keine unangenehme Form annahm, sich vielmehr innerhalb einiger Tage vollständig verlor. Die Fähigkeit, in stinkende Fäulniss zu verfallen, hatten die Abflüsse mithin ebenfalls völlig verloren.

Die erzielte Herabsetzung der Oxydirbarkeit ergiebt sich aus der nachstehenden Tabelle.

Tab. 4.
Feinkörniger Kies.

Aufnahmefähigkeit und Herabsetzung der Oxydirbarkeit in monatlichen Mitteln.

Betriebsmonat	Kaliumpermanganatverbrauch mgr pro Liter		Abnahme der Oxydirbarkeit in Procenten	Aufnahme-fähigkeit in Litern pro cbm
	Rohwasser	Kiesabfluss		
1.	366	100	72,7	321
2.	437	110	74.8	300
3.	350	82	76,6	284
4.	304	102	66,4	277

Procentual ausgedrückt, belief sich die Herabsetzung der Oxydirbarkeit durchschnittlich auf etwa 73 pCt.

Kies von der hier in Frage stehenden Art dürfte sich in der Regel leichter und billiger beschaffen lassen, als Cokes und Schlacke. Der Reinigungserfolg, der sich durch ihn erzielen lässt, ist, sofern auf sorgfältige Auswahl der richtigen Korngrösse des Kieses geachtet wird, ein eben so guter wie bei Schlacke, d. h. die dem Körper zugeführten Schmutzstoffe werden in ebenso energischem Maasse in dem Oxydations-körper zurückgehalten. Sie werden aber in dem Kiesoxydations-körper nicht mit derselben Kraft zersetzt, wie in dem beschrie-benen Schlackenkörper. Es bilden sich nicht nur grössere Mengen von Ablagerungen in dem Körper, sondern es bleibt auch ein Rest organischer Substanz zurück, der noch im Stande ist, der stinkenden Fäulniss anheimzufallen. Das zeigen die folgenden Untersuchungs-ergebnisse.

Die Aufnahmefähigkeit des in Frage stehenden Körpers be-trug anfangs 347 Liter pro Cubikmeter, das Porenvolumen also 34,7 pCt. Nachdem der Körper 115 mal gefüllt worden war, noch ca. 280 Liter pro Cubikmeter. Das Porenvolumen war also auf 28 pCt. zurückgegangen. Die Verstopfung dieses Körpers schritt weit schneller vorwärts als diejenige des oben genannten Schlackenoxydationskörpers.

Der durch Waschen des Kieses mit Leitungswasser gewonnene Schlamm ist von graubrauner Farbe, enthält mässig viel feinste, zwischen den Fingern fühlbare Sandkörnchen und zeigt fauligen bis moderigen Geruch.

b) Doppeltes Verfahren.

Die allgemeinen Gesichtspunkte, welche bei Anordnung der nachstehend zu beschreibenden Versuche maassgebend waren, wurden schon weiter oben besprochen.

Primärer Oxydationskörper, Cokes von 1—3 cm Korngrösse.

Die Rohwässer wurden zunächst einem Oxydationskörper zugeführt, der aus Cokes von 1 bis 3 cm Korngrösse hergestellt war. In diesem verblieben sie etwa 10 Minuten. Diese Behandlung genügt, wie wir oben gesehen haben, um eine grössere Menge gröberer, ungelöster Substanzen auszuscheiden und die Oxydirbarkeit der gelösten Stoffe um etwa ein Drittel herabzusetzen. Die Abflüsse aus dem in Frage stehenden primären Oxydationskörper wurden den zu beschreibenden 3 secundären Oxydationskörpern zugeleitet, die jeder ein gleiches Volumen hatten, wie der primäre Körper, nämlich etwa $1^3/_4$ Cubikmeter. Der primäre Körper wurde also dreimal so stark in Anspruch genommen, als die einzelnen secundären Körper.

Die uns hier interessirenden Versuche gestatten einerseits einen Vergleich der Wirksamkeit von Cokes, Schlacke und Kies von annähernd gleicher Korngrösse unter einander, andererseits einen Vergleich des Nutzens der doppelten Behandlung im Vergleich zur einfachen. Wir besprechen deshalb die bei den drei secundären Oxydationskörpern erzielten Ergebnisse am besten im Zusammenhange.

Secundäre Oxydationskörper, Schlacke, Kies, Cokes, 3 bis 10 mm Korngrösse.

Die Abwässer, mit welchen diese secundären Oxydationskörper beschickt wurden, also die Abflüsse aus dem primären Oxydationskörper haben wir schon weiter oben kennen gelernt. Es handelt sich um ein Product, in welchem es bei längerem Stehen nicht zur Bildung von Schwefelwasserstoff kommt, wohl aber zur Entwickelung fauliger

Gerüche. Diese Wässer blieben in dem secundären Oxydationskörper 2—4 Stunden stehen. Die übrige Tageszeit blieben die Körper leer stehen. Da die Füllungsdauer und die Entleerung zusammen durchschnittlich $\frac{1}{2}$ Stunde nicht überschritten, so belief sich die Lüftungsperiode auf $19\frac{1}{2}$—$21\frac{1}{2}$ Stunden.

Der äusseren Beschaffenheit nach waren die Abflüsse aus den secundären Oxydationskörpern durchweg recht zufriedenstellend. Ihre Durchsichtigkeit ist aus der nachstehenden Tabelle ersichtlich. Die Ergebnisse der in etwa 8 tägigen Perioden zahlenmässig bestimmten Durchsichtigkeit sind im monatlichen Mittel ausgedrückt.

Tab. 5.

Durchsichtigkeitsgrad der Abflüsse beim einfachen und doppelten Oxydationsverfahren in monatlichen Mitteln.

Betriebsmonat	des Rohwassers	Durchsichtigkeit in Centimetern					
		beim doppelten Oxydationsverfahren				beim einfachen Oxydationsverfahren	
		im Abfluss aus dem primären Cokeskörper	im Abfluss aus dem secundären			im Abfluss aus dem	
			Cokeskörper	Kieskörper	Schlackenkörper	Schlackenkörper	Kieskörper
1.	2,3	3,0	22,1	20,7	11,0	6,3	6,9
2.	2,5	3,1	35,9	28,2	10,2	5,7	11,7
3.	2,3	2,9	21,1	15,6	8,4	7,1	8,5
4.	2,9	3,7	21,0	16,1	11,3	6,5	7,8

Den grössten Klarheitsgrad hatten die Abflüsse aus Cokes. Die Abflüsse des Kieses standen diesen jedoch nicht wesentlich nach. Dagegen hatten die Abflüsse aus Schlacke einen nicht so günstigen, immerhin noch recht zufriedenstellenden Klarheitsgrad.

Ausser den beschriebenen Ergebnissen finden sich auch die Durchsichtigkeit des Rohwassers und der Abflüsse aus dem primären Oxydationskörper, schliesslich aber auch die Ergebnisse eingetragen, welche wir bei Anwendung von Kies und Schlacke derselben Korngrösse mittelst des einfachen Oxydationsverfahrens erzielten. Die betreffenden Werthe lassen klar erkennen, dass sowohl die Abflüsse des Kieses als auch diejenigen der Schlacke bei dem einfachen Oxydationsverfahren in Bezug auf Durchsichtigkeit weit zurückstehen hinter denjenigen des doppelten Oxydationsverfahrens. Bei letzteren erscheint übrigens die Durchsichtigkeit meistens im dritten bis vierten Monat geringer, als im ersten und zweiten. Diese Thatsache ist darauf zurückzuführen, dass nach Beginn der noch zu besprechenden Schwierigkeiten bei der Füllung der Körper die Oberfläche derselben abgeharkt und umgestochen wurde, wodurch gewisse feinste Substanzen aufgewirbelt wurden und den Klarheitsgrad der nächsten Abflüsse beeinflussten.

Geruch: Die Abflüsse aus sämmtlichen beschriebenen secundären Oxydationskörpern waren geruchlos, bezw. hatten sie einen schwach erdigen bis moderigen Geruch. In dieser Beziehung standen die Abflüsse der Schlacke und des Kieses beim einfachen Oxydationsverfahren ihnen nicht wesentlich nach.

Die nachstehende Tabelle gestattet einen Ueberblick über den Reinigungserfolg in Bezug auf Herabsetzung der Oxydirbarkeit und zwar ausgedrückt im mg Permanganatverbrauch pro Liter. Der Kürze halber sind wiederum die monatlichen Mittel eingetragen worden. Die darauf folgende Tabelle bringt die sich auf Grund der ersten Tabelle berechnende procentuale Herabsetzung.

Tab. 6.

Herabsetzung der Oxydirbarkeit durch einfaches und doppeltes Oxydationsverfahren in monatlichen Mitteln.

Betriebs-monat	Roh-wasser	Kaliumpermanganatverbrauch mg im Liter					
		beim doppelten Oxydationsverfahren im Abfluss des				beim einfachen Oxydationsverfahren im Abfluss des	
		primären	secundären				
		Cokes-körpers	Cokes-körpers	Kies-körpers	Schlacken-körpers	Schlacken-körpers	Kies-körpers
1.	346	238	50	71	57	99	100
2.	375	259	52	63	82	80	110
3.	354	243	63	71	81	99	82

Tab. 6 a.

Herabsetzung der Oxydirbarkeit (cfr. Tab. 6), ausgedrückt in Procenten.

Betriebs-monat	Beim doppelten Oxydationsverfahren im				beim einfachen Oxydationsverfahren im	
	primären	secundären				
	Cokes-körper	Cokes-körper	Kies-körper	Schlacken-körper	Schlacken-körper	Kieskörper
1.	31,2	85,5	79,4	83,5	64,9	69,9
2.	30,9	86,1	83,2	78,1	73,5	76,4
3.	31,4	82,3	80,0	77,2	66,3	70,9

Die beiden Tabellen zeigen, dass die Oxydirbarkeit (Permanganatverbrauch pro Liter) der Abflüsse unserer secundären Oxydationskörper zwischen etwa 50 und 80 mg schwankte. Die Oxydirbarkeit des einfachen Schlackenoxydationskörpers in Monatsmitteln ausgedrückt lag zwischen 80 und 100 mg. Diejenige des einfachen Kieskörpers zwischen etwa 80 und 110. Procentual ausgedrückt erreichte die Herabsetzung der Oxydirbarkeit durch die doppelte Behandlung rund 80 bis 86, bei den einfachen Oxydationskörpern etwa 65 bis reichlich 70. Der einfache Kieskörper setzte die Oxydirbarkeit in der ersten Hälfte des ersten Monats um etwa 50, später um reichlich 70 Procent herab. Die Abflüsse des secundären Cokeskörpers waren, soweit die Herabsetzung der Oxydirbarkeit in Frage kommt, etwas besser als diejenigen des secundären Schlackenkörpers.

Durch das doppelte Oxydationsverfahren wurde nach dem Gesagten ein ausserordentlich zufriedenstellender Reinigungserfolg erzielt. Der Einfluss der doppelten Behandlung auf die quantitative Leistungsfähigkeit der Oxydationskörper blieb dagegen hinter unseren Erwartungen zurück. Obgleich durch den primären Körper, wie schon gesagt, die gröberen festen Schmutzstoffe von den secundären Körpern ferngehalten wurden, so boten diese letzteren doch schon nach Ablauf von etwa 4 Monaten dem Eintritt des Wassers einen derartigen Widerstand, dass die Füllung der Körper, die beim Cokes anfänglich nur 10 Minuten gedauert hatte, später reichlich 30—44 Minuten beanspruchte. Die Füllungsdauer des Kieskörpers stieg von anfänglich 5 Minuten im genannten Zeitraum auf 38 Minuten. Nur der Schlackenkörper liess sich auch später noch innerhalb 10 Minuten füllen.

Weder durch Abharken der Oberfläche noch auch durch Umstechen derselben bis zu 30 cm Tiefe wurden die in Frage stehenden Schwierigkeiten andauernd behoben. Kurz nach dem Umstechen nehmen die Oxydationskörper die Abwässer willig auf, aber schon nach einigen Tagen nimmt die Füllung wieder ebenso viel Zeit in Anspruch wie vorher.

Nicht ganz entsprechend verhielt sich die Aufnahmefähigkeit. Die einschlägigen Bestimmungen sind in die nachstehende Tabelle eingetragen und zwar wiederum in Mitteln der Messungsergebnisse des ersten, zweiten, dritten und vierten Monats.

Tab. 7.

Aufahmefähigkeit secundärer Oxydationskörper in monatlichen
Mitteln

Betriebs-monat	Aufnahmefähigkeit in Litern pro cbm des secundären			Aufnahmefähigkeit beim einfachen Oxydationsverfahren in Litern pro cbm des Schlackenkörpers
	Cokeskörpers	Kieskörpers	Schlackenkörpers	
1.	379	278	398	320
2.	370	235	378	300
3.	359	201	387	294
4.	344	176	368	289

Das Porenvolumen des Cokes war trotz der eingetretenen Verschlammung am Ende des vierten Betriebsmonats nur um wenige Procente geringer als beim Beginn der Versuche. Das Porenvolumen des secundären Kieskörpers dagegen war um 10 Procent gesunken. Bei Beginn der Versuche nahm der Kies pro Cubikmeter 278 Liter Wasser (Mittel des 1. Monates) auf, bei Beendigung der Versuche nur noch 176. Am günstigsten erwies sich die Schlacke, die bei Beendigung der Versuche noch 368 Liter Wasser pro Cubikmeter aufzunehmen vermochte.

Bei dem oben beschriebenen, grossen einfachen Schlackenoxydationskörper war die Aufnahmefähigkeit bei Beginn des Versuchs 320 Liter pro Cubikmeter, nach 4 monatlichem Betriebe betrug sie noch 289 Liter. Hier war selbst ohne Vorbehandlung in einem primären Oxydationskörper die quantitative Leistungsfähigkeit weniger zurückgegangen als beim Kies trotz der Vorbehandlung.

B. Zweimalige Füllung pro Tag.
Einfaches Verfahren.
Schlacke.

Das mittlere Bassin unserer Kläranlage, welches, wie schon erwähnt, eine Grundfläche von 64 Quadratmetern aufweist, wurde nach Herstellung von Sammelcanälen aus losen Ziegelsteinen mit Schlacke aus der Müllverbrennungsanstalt bis zu einer Höhe von einem Meter angefüllt. Die Schlacke hatte dieselbe Korngrösse, wie bei dem früher beschriebenen grossen Körper (3 bis 10 mm).

Dieser Oxydationskörper wurde täglich zweimal mit den oben beschriebenen Rohwässern beschickt. Die erste Füllung erfolgte morgens zwischen 8 und 9 Uhr innerhalb etwa $^1/_2$ Stunde. Der Körper blieb dann 2 Stunden mit Abwässern gefüllt stehen, wurde darauf innerhalb 10 Minuten entleert, blieb 2 Stunden lang leer stehen, wurde darauf wieder gefüllt und nach 2 stündigem Vollstehen wieder entleert; darauf folgte jedesmal eine etwa 16 bis 17 stündige Lüftungsperiode.

Seit dem 21. August 1899 ist der Körper in dieser Weise in Betrieb gewesen.

Die Abflüsse enthielten schwebende Schmutzstoffe nicht in nennenswerthen Mengen. Ihre Durchsichtigkeit schwankte in der Regel zwischen etwa 5 und 7 cm, gelegentlich war sie etwas höher.

Die Abflüsse aus diesem Oxydationskörper rochen während der ersten 2 Wochen, wo der Körper sich noch nicht genügend eingearbeitet hatte, kohlartig bis faulig, von der 33. Füllung ab rochen sie moderig, beim Stehen nahmen sie keinen unangenehmen Geruch an, sondern sie wurden meist völlig geruchlos. Die Herabsetzung der Oxydirbarkeit betrug bei Beginn des Versuches nur 30 Procent, stieg im Laufe der ersten 6 Tage jedoch auf etwa 60 Procent und schwankte später in der Regel zwischen 70 und 80 Procent. Der Permanganatverbrauch der Abflüsse überstieg nur selten 100 mg pro Liter und schwankte in der Regel zwischen 70 und 90 mg. Näheres hierüber findet sich in der folgenden Tabelle.

Tab. 8.

Aufnahmefähigkeit und Herabsetzung der Oxydirbarkeit durch einfaches Oxdationsverfahren bei täglich zweimaliger Füllung in monatlichen Mitteln.

Betriebs-monat	Kaliumpermanganatverbrauch mgr pro Liter		Abnahme der Oxydirbarkeit in Procenten	Aufnahmefähigkeit in Litern pro cbm
	Rohwasser	Schlackenabfluss		
1.	342	92	73,1	389
2.	367	84	77,1	354
3.	407	88	78,4	324

Der Reinheitsgrad der Abflüsse, die von der 2. Tagesfüllung stammten, gestaltet sich ebenso günstig, wie derjenige der Abflüsse, die sich morgens nach 15 stündiger Ruhepause ergaben.

Die Aufnahmefähigkeit dieses Körpers betrug bei Beginn des Versuches nach vorheriger Benetzung des Materials 409 Liter pro

Cubikmeter Schlacke; während des ersten Monats betrug sie im Mittel noch 389 Liter und sank während des zweiten Monats auf 354 Liter, während des dritten Monats auf 324 Liter pro Cubikmeter. Diese Zahlen gelten für die erste Tagesfüllung, welche, wie erwähnt, erfolgt, nachdem der Körper 15 Stunden Zeit gehabt hatte zum Drainiren und Trockenlaufen. Bei der zweiten Tagesfüllung stellt sich die Aufnahmefähigkeit durchweg um einige Procent geringer, als bei der ersten; z. B. nahm der Körper am 25. September am Morgen 365 Liter, nachmittags dagegen nur 355 Liter pro Cubikmeter auf, am 21. October morgens 359 Liter, nachmittags 344 Liter pro Cubikmeter.

Der Versuch ist noch nicht genügend lange ausgedehnt, um zu sicheren Schlüssen darüber zu berechtigen, ob die zweimalige Füllung pro Tag sich wirthschaftlich rationeller stellt, als die einmalige Füllung. Der Reinigungserfolg ist kaum geringer, als derjenige, der sich bei täglich einmaliger Füllung des Oxydationskörpers ergiebt.

Gefässe, welche verschiedenartige Fische enthielten, wurden drei Monate hindurch jeden zweiten Tag mit den in Frage stehenden Abflüssen beschickt; sämmtliche Fische sind zur Zeit noch völlig munter.

Doppeltes Verfahren.
Cokes und Kies.

Die weiter oben beschriebene Vorbehandlung der Abwässer in einem primären Oxydationskörper musste gerade bei forcirtem Betriebe empfehlenswerth erscheinen. Die einschlägigen Versuche wurden in derselben Weise angeordnet, wie die auf Seite 107 beschriebenen. Die dort besprochenen Cokes- und Kieskörper wurden im August d. J. durch Abspülen gereinigt und vom 21. August ab täglich 2 mal mit Abflüssen aus dem ebenfalls schon beschriebenen primären Oxydationskörper gefüllt.

Die äussere Beschaffenheit der Abflüsse aus den secundären Körpern war stets sehr zufriedenstellend. Die Durchsichtigkeit der Cokesabflüsse stellt sich im ersten Monat im Mittel auf 23 cm, diejenigen des Kieses auf 23,3 cm während die Abflüsse aus dem primären Oxydationskörper, mit denen die secundären Körper beschickt wurden, eine Durchsichtigkeit von nur 2,8 cm hatten. Im zweiten Versuchsmonat ging der Durchsichtigkeitsgrad im Mittel um 4 bis 5 cm zurück, weil die Oberfläche der Oxydationskörper häufiger aus den noch zu besprechenden Gründen gestört wurde. Uebrigens stieg die Durchsichtigkeit gelegentlich auch bis auf etwa 40 cm.

Die Abflüsse sind klar und völlig farblos. Der Geruch der Abflüsse war stets frisch bezw. leicht erdig, selten moderig. Beim Stehen verlor sich der Geruch bald, selbst in verschlossenen Flaschen.

Ihrer äusseren Beschaffenheit nach standen die Abflüsse bei den in Frage stehenden secundären Oxydationskörpern hinter reinen Naturwässern hiesiger Gegend nicht zurück.

Die Herabsetzung der Oxydirbarkeit ist aus folgender Tabelle ersichtlich. In derselben sind wiederum die Monatsmittel der Untersuchungsergebnisse eingetragen und zwar findet sich in der ersten Tabelle der Kaliumpermanganatverbrauch in Milligrammen pro Liter ausgedrückt. Die zweite Tabelle zeigt die Herabsetzung der Oxydirbarkeit in Procenten.

Zum Vergleich ist auch die Oxydirbarkeit der Abflüsse des oben beschriebenen täglich zweimal gefüllten Oxydationskörpers eingetragen, der nach dem einfachen Verfahren, also ohne primäre Behandlung, betrieben wurde.

Tab. 9.

Herabsetzung der Oxydirbarkeit durch einfaches und doppeltes Oxydationsverfahren in monatlichen Mitteln.

Betriebs-monat	Kaliumpermanganatverbrauch mgr pro Liter				
	Rohwasser	beim doppelten Oxydationsverfahren im Abfluss des			beim einfachen Oxydationsverfahren im Abfluss des Schlackenkörpers
		primären Cokeskörpers	secundären		
			Cokeskörpers	Kieskörpers	
1.	280	185	59	68	92
2.	314	204	59	61	84
3.	286	170	58	61	88

Tab. 9a.

Herabsetzung der Oxydirbarkeit, ausgedrückt in Procenten.

Betriebs-monat	Beim doppeltem Oxydationsverfahren			Beim einfachen Oxydationsverfahren im Schlackenkörper
	im primären Cokes-körper	im secundären		
		Cokeskörper	Kieskörper	
1.	33,9	78,9	75,7	73,1
2.	35,0	81,2	80,6	77,1
3.	40,6	79,7	78,7	78,4

Die mittlere Oxydirbarkeit der Abflüsse aus dem secundären Cokeskörper lag unter 60 mg im Liter, diejenige des sekundären Kieskörpers zwischen 60 und 70 mg. Die Abflüsse aus dem nach dem einfachen Verfahren behandelten Schlackenkörper zeigten ebenfalls im Mittel unter 100 mg Permanganatverbrauch im Liter. Die procentuale Herabsetzung der Oxydirbarkeit belief sich auf 75 bis annähernd 80 pCt.

Die vorstehenden Tabellen zeigen, dass durch Vorschaltung eines primären Oxydationskörpers, also bei dem doppelten Oxydationsverfahren, ein höherer Reinigungsgrad erzielt wird, als ohne Anwendung eines solchen, d. h. bei dem einfachen Verfahren. Es fragt sich nun, ob die Anwendung des doppelten Oxydationsverfahrens auch in quantitativer Beziehung einen Nutzen hat.

Bei Beginn des Versuches betrug die Aufnahmefähigkeit des Cokeskörpers 359 Liter pro Cubikmeter. Im zweiten Betriebsmonat betrug sie im Mittel noch 336 Liter. Das Porenvolumen war mithin um 2,3 pCt. zurückgegangen, der Körper fasste nunmehr 6,4 pCt. weniger Abwässer, als bei Beginn des Versuchs. Bei der zweiten Tagesfüllung nahm der Körper weniger Abwasser auf, als bei der ersten, z. B.

am   6. 9. Morg. 353 Liter, Nachm. 331 Liter pro Cubikmeter,
„ 16. 10.   „   331   „   „   316 „   „   „
„ 23. 10.   „   331   „   „   302 „   „   „

Tab. 10.

Aufnahmefähigkeit secundärer Oxydationskörper bei zweimaliger Füllung täglich in monatlichen Mitteln.

Betriebsmonat	Aufnahmefähigkeit in Litern pro cbm des secundären		Aufnahmefähigkeit beim einfachen Oxydationsverfahren in Litern pro cbm des Schlackenkörpers
	Cokeskörpers	Kieskörpers	
1.	353	226	389
2.	336	209	354
3.	318	202	324

Der Kies hatte bei der oben erwähnten Abspülung, die dem in Frage stehenden Versuch vorausging, nicht seine ursprüngliche Aufnahmefähigkeit von 347 Litern pro Cubikmeter zurückgewonnen, sondern er fasste bei Beginn des Versuches nur 238 Liter pro Cubikmeter. Bei Beendigung des Versuches betrug die Aufnahmefähigkeit nur noch 202 Liter pro Cubikmeter. Das Porenvolumen war mithin

8*

um 3,6 pCt. zurückgegangen. Die Aufnahmefähigkeit hatte um etwa 15 pCt. abgenommen. Die zweite Tagesfüllung zeigte bei Kies im Vergleich zum Cokes eine noch stärkere Herabsetzung der Aufnahmefähigkeit gegenüber der ersten Tagesfüllung, z. B.

am 15. 9. Morg. 220 Liter, Nachm. 190 Liter pro Cubikmeter,
„ 10. 10. „ 208 „ „ 184 „ „ „
„ 23. 10. „ 202 „ „ 178 „ „ „

Täglich dreimalige Füllung.
Einfaches Verfahren.
Schlacke.

Der früher beschriebene[1]) Schlackenoxydationskörper von 64 Quadmetern Grundfläche und 1,40 Metern Höhe, also etwa 90 Cubikmetern Inhalt, wurde in der Zeit vom 12. Januar 1898 bis 28. Januar 1898 täglich dreimal mit Rohwässern beschickt, und zwar in der Weise, dass er Morgens gefüllt wurde, 4 Stunden voll stehen blieb und etwa 3 Stunden nach der Entleerung wiederum gefüllt wurde. Es ergaben sich hierdurch achtstündige Perioden, die während der Versuchsperiode Tag und Nacht innegehalten wurden. Die Ergebnisse waren interessant genug, um trotz der Kürze der Versuchsperiode erwähnenswerth zu erscheinen. Die äussere Beschaffenheit der Abflüsse wurde ungünstiger, indem die Abflüsse getrübt erschienen und nach kürzerem Stehen an der Luft sich gelb verfärbten unter Ausscheidung eines rostbraunen Niederschlages. Während der ersten Tage betrug die Durchsichtigkeit 5 bis 6 cm gegen 1,5 bis 2,5 cm beim Rohwasser. Im Laufe des Versuchs sank die Durchsichtigkeit der Abflüsse auf etwa 3 cm. Sobald sich aber der beschriebene Niederschlag gebildet hatte, erfuhren die Abflüsse eine erhebliche Klärung.

Der Geruch der Abflüsse war während der ersten Tage stets erdig, nach Ablauf etwa einer Woche rochen sie erdig-moderig bis dumpfig — nach Schimmelpilzen. Mit der Bildung des erwähnten Niederschlages verlor sich der beschriebene Geruch. Der braune Niederschlag bildete sich anfänglich erst, nachdem die Proben mehrere Tage der Luft ausgesetzt waren, später schon innerhalb einiger Stunden. Diese Niederschlagsbildung war bedingt durch Eisen, welches in Folge der intensiven Kohlensäurebildung, die sich im Oxydationskörper abspielte, in erheblichen Mengen in Form von Bicarbonat in Lösung überging, und beim Zutritt atmosphärischer Luft

---

1) Deutsche Vierteljahrsschr. f. öffentl. Gesundheitspfl. 1889. Bd. 31. S. 340.

unter Bildung von Eisenhydroxyd ausfiel. Wenn man den schönen Klärungseffect, den die Abwässer nach Ausscheidung des Eisens zeigten, betrachtete, so neigte man zu der Auffassung, als ob hierin eine sehr günstige Nebenwirkung des in forcirtem Maasse in Anspruch genommenen Oxydationskörpers zu erblicken sei. Die intensiven Verwitterungsvorgänge, als deren Folge diese Eisenausscheidung anzusehen ist, führen jedoch, wie wir noch sehen werden, zu einer ganz ausserordentlichen Beeinträchtigung der quantitativen Leistungsfähigkeit des Oxydationskörpers.

Die Herabsetzung der Oxydirbarkeit sank bei diesem forcirten Betrieb nicht etwa, sondern sie erfuhr sogar einen Anstieg. Die Abflüsse zeigten im Mittel einen Permanganatverbrauch von 77 mg im Liter, während die Rohwässer im Mittel 404 mg verbrauchten. In Procenten ausgedrückt, betrug die Herabsetzung der Oxydirbarkeit 80,9. Die Abflüsse der dritten Tagesfüllung weisen einen nicht geringeren Reinheitsgrad auf, als die der ersten Tagesfüllung.

Bei Beginn des eben besprochenen Versuchs vermochte der Oxydationskörper pro Cubikmeter 367 Liter aufzunehmen. Schon innerhalb 13 Tagen sank das Porenvolumen um 11,1 pCt., die Aufnahmefähigkeit des Körpers um 30 pCt.

Doppeltes Verfahren.

Secundärer Cokes-, Kies- und Schlackenkörper

In der Zeit vom 23. März bis 28. Juli 1899 wurden die auf Seite 107 beschriebenen secundären Oxydationskörper täglich dreimal mit den Abflüssen aus dem ebenfalls schon beschriebenen primären Oxydationskörper beschickt und zwar in der Weise, dass die 3 Füllungen in die Tageszeit fielen.

Die dreimalige Füllung erfolgte bei zweistündigem Vollstehen und zweistündigen Lüftungsperioden innerhalb 12 bis 13 Stunden. Während der Nacht hatten die Oxydationskörper eine elf- bis zwölfstündige Lüftungsperiode.

Die äussere Beschaffenheit der Abflüsse war in jeder Beziehung zufriedenstellend. Die Durchsichtigkeit der Cokesabflüsse betrug im Mittel 20,7 cm, diejenige der Kiesabflüsse 16,3 cm, der Schlacke 9,4 cm, gegenüber einer mittleren Durchsichtigkeit der Zuflüsse von 2,8 cm.

Der Geruch der Cokesabflüsse war schwach erdig bis moderig, ebenso der Geruch der Kies- und Schlackenabflüsse.

Die Oxydirbarkeit der Cokesabflüsse betrug im Mittel 66 mg Permanganatverbrauch im Liter, diejenige der Kiesabflüsse im Mittel 71 mg, der Schlackenabflüsse im Mittel 85 mg, während die Zuflüsse eine mittlere Oxydirbarkeit von 213 mg Permanganatverbrauch hatten. Die mittlere Herabsetzung der Oxydirbarkeit im Vergleich zum Rohwasser, — welches eine mittlere Oxydirbarkeit von 328 mg Permanganatverbrauch im Liter hatte —, betrug bei dem secundären Cokeskörper 79,9 pCt., beim Kies 78,4 pCt., beim Schlackekörper 74,1 pCt.

Der Vergleich dieser Befunde mit denen, die wir durch das einfache Oxydationsverfahren bei täglich 3 maliger Füllung erzielten, ist insofern interessant, als sich dort nicht, wie man erwarten sollte, ein geringerer Reinigungsgrad ergab, sondern ein höherer, nämlich eine Herabsetzung der Oxydirbarkeit um 80,9 Procent. Infolge der starken Bildung von Eisenhydroxyd hatte die Absorptionskraft des nach dem einfachen Verfahren behandelten Körpers beträchtlich zugenommen. Der erzielte Reinigungserfolg war nach dem Gesagten, bei den beschriebenen Versuchen, ein ausserordentlich guter.

Die quantitativen Ergebnisse waren anfänglich aus folgenden Gründen nicht sehr zufriedenstellend.

Schon nach Ablauf von etwa einem Monat beanspruchte die Füllung des secundären Cokeskörpers reichlich $1/_2$ Stunde, diejenige des Kieskörpers 27 Minuten, der Schlacke 18 Minuten, drei Wochen später dauerte die Füllung bei allen drei Körpern $1^1/_2$ Stunden.

Das hierin zum Ausdruck kommende ausserordentlich schnelle Ansteigen der Widerstände im secundären Oxydationskörper ist darauf zurückzuführen, dass die oberflächliche Schlammdecke den Austritt der Luft aus dem Oxydationskörper hemmt. Zerstört man bei einem in Füllung begriffenen Oxydationskörper diese Schlammdecke, so strömen an der durchbrochenen Stelle grosse Mengen von Luft aus und das überstehende Wasser versickert darauf schneller. Das Umgraben der Oberfläche erwies sich nicht von nachhaltigem Nutzen.

Nach der englischen Literatur sollen die Verschlammungssymptome sich verlieren, wenn dem Oxydationskörper eine ein- bis mehrwöchentliche Lüftungsperiode gewährt wird. Wir haben unsere drei Oxydationskörper vom 4. Juni bis 12. Juni in entleertem Zustande stehen lassen. Am ersten Tage nach Wiederaufnahme des Betriebes liess sich die Füllung des Cokeskörpers innerhalb 15 Minuten bewerkstelligen, am nächsten Tage dauerte sie dagegen schon wieder $1^1/_2$ Stunden. Bei den beiden anderen Oxydationskörpern war der Erfolg auch am ersten Tage schon ein weit geringerer.

In der Zeit vom 9. Juli bis 16. Juli wurde den Oxydationskörpern wiederum eine Lüftungsperiode gewährt. Dieses Mal dauerte selbst die erste Füllung beim Cokeskörper annähernd 1 Stunde, beim Kies $\frac{1}{2}$ Stunde, bei der Schlacke $\frac{3}{4}$ Stunden, am nächsten Tage schon wieder $1\frac{1}{2}$ bis 2 Stunden.

Nach diesen durch die Lüftungsperioden erzielten ungünstigen Ergebnissen wurden die drei Oxydationskörper bis zu einer Tiefe von 20 cm abgegraben.

Hierauf liess sich der Schlackenkörper schon innerhalb 5 Minuten füllen, der Cokeskörper innerhalb 15 Minuten, der Kieskörper innerhalb 20 Minuten. Schon innerhalb einer Woche stieg die Füllungsdauer aber wiederum auf etwa das Doppelte. Also auch diese eingreifende Maassnahme hatte einen nur unbefriedigenden Erfolg[1]).

Die Aufnahmefähigkeit der drei in Rede stehenden secundären Oxydationskörper ergiebt sich aus der folgenden Tabelle, in welcher das Fassungsvermögen in Litern pro Cubikmeter des Oxydationskörpers im Monatsmittel ausgedrückt ist.

Tab. 11.

Aufnahmefähigkeit secundärer Oxydationskörper in monatlichen Mitteln,
bei dreimaliger Füllung täglich.

Betriebs-monat	Aufnahmefähigkeit in Litern pro cbm des secundären		
	Cokeskörpers	Kieskörpers	Schlackenkörpers
1.	353	213	353
2.	338	213	342
3.	311	187	329
4.	317	179	325
5.	319	192	308

Cokes und Schlacke vermochten bei Beginn des Versuches pro Cubikmeter 353 Liter aufzunehmen, nach 5 monatlichem Betrieb 319 bezw. 308 Liter. Bei ihnen hat also die Aufnahmefähigkeit nicht in dem Maasse abgenommen, wie man nach den obigen Darlegungen über die eintretenden Verstopfungen geneigt sein würde anzunehmen.

Der Kies vermochte bei Beginn des Versuches 213 Liter pro Cubikmeter zu fassen, bei Beendigung des Versuches 192 Liter.

Die mittlere Aufnahmefähigkeit der letzten Monate wird stark beeinflusst durch die oben erwähnte 8 tägige Lüftungsperiode. Die Aufnahmefähigkeit des Cokeskörpers betrug nämlich vor der ersten

---

1) Später hat sich ein einfaches Mittel gefunden, der besprochenen Calamität zu begegnen, das an anderer Stelle beschrieben werden soll.

Lüftungsperiode 296 Liter pro Cubikmeter, nach dieser Lüftungsperiode 370, zwei Tage später allerdings nur noch 309 Liter. Ebenso ging es mit dem Cokes und dem Kies. Ersterer hatte vor der Lüftungsperiode ein Fassungsvermögen von 315 Litern pro Cubikmeter, nach der Lüftungsperiode ein solches von 358 Litern, zwei Tage später ein solches von 326 Litern. Solche Lüftungsperioden haben mithin nur den Erfolg, dass die Schlammbestandtheile austrocknen. Die erste Füllung nach der Lüftungsperiode ergab deshalb eine grössere Aufnahmefähigkeit der Körper. Sobald aber der ganze Schlamm wieder aufgeweicht ist, sinkt das Fassungsvermögen auf das Maass zurück, welches es vor der Lüftungsperiode hatte.

Secundärer Schlackenkörper b.

Die unerwartet schnelle Verstopfung, welche die eben beschriebenen secundären Oxydationskörper, trotz der Vorbehandlung der Abwässer in einem primären Oxydationskörper zeigten, musste auffallen, angesichts der überaus günstigen Ergebnisse, die man bei ähnlichem Betriebe in England erzielt haben wollte.

Die secundären Oxydationskörper wiesen bei Beginn des Versuchs schon einen nicht unwesentlichen Verstopfungsgrad auf. Der Versuch konnte also nicht als ein ganz reiner betrachtet werden. Deshalb wurde am 21. August 1899 ein secundärer Oxydationskörper aus frischer, vorher noch nicht gebrauchter Schlacke von gleicher Korngrösse hergestellt und seither täglich dreimal mit den Abflüssen aus den primären Oxydationskörpern gefüllt. Der Versuch soll noch längere Zeit fortgesetzt werden, die bislang erzielten Ergebnisse mögen aber zum Vergleich mit dem eben beschriebenen schon hier herangezogen werden.

Die Betriebsart dieses Schlackekörpers b ist dieselbe wie auf Seite 117 beschrieben.

Die äussere Beschaffenheit der Abflüsse war schon kurz nach Beginn des Versuchs eine zufriedenstellende, die Durchsichtigkeit betrug im ersten Monat im Mittel 5,8 cm, im zweiten 7,4 cm, im dritten Monat 6,7 cm.

Der Geruch der Abflüsse war schon eine Woche nach der Inbetriebsetzung moderig, im weiteren Verlauf des Versuchs gelegentlich erdig, in der Regel aber moderig.

Tab. 12.

Aufnahmefähigkeit und Herabsetzung der Oxydirbarkeit des secundären Schlackenkörpers b in monatlichen Mitteln.

Betriebs-monat	Kaliumpermanganatverbrauch mg im Liter			Abnahme der Oxydirbarkeit im secundären Schlackenkörper in Proc.	Aufnahmefähigkeit in Litern pro cbm des secundären Schlackenkörpers
		Abfluss des			
	Rohwasser	primären Cokeskörpers	secundären Schlackenkörpers		
1.	295	185	65	77,9	438
2.	333	211	68	79,6	411
3.	388	228	72	81,4	385

Die Oxydirbarkeit der Abflüsse betrug im ersten Monat im Mittel 65 mg, im zweiten Monat im Mittel 68 mg. Die Herabsetzung der Oxydirbarkeit belief sich im ersten Monat im Mittel auf 77,9 pCt., im zweiten Monat auf 79,6 pCt. Die Füllungsdauer betrug bei Beginn des Versuchs 5 Minuten und ist innerhalb des dreimonatlichen Betriebes überhaupt nicht gestiegen, obgleich das Material inzwischen nicht umgestochen und auch nicht einmal abgeharkt wurde.

In Bezug auf die quantitative Leistung ist dieser Versuch etwas günstiger verlaufen als der vorhergehende. Die Aufnahmefähigkeit des Schlackenkörpers betrug bei Beginn des Versuchs nach vorheriger Benetzung 438 Liter pro Cubikmeter. Innerhalb 2 Monaten fiel sie auf 411 Liter pro Cubikmeter. Nach Ablauf von 3 Monaten, d. h. nach 220maliger Füllung betrug sie noch 385 Liter pro Cubikmeter. Die Aufnahmefähigkeit ist mithin um etwa 12 pCt. gesunken.

Vergleichsweise sei auf die oben erwähnte Thatsache hingewiesen, dass bei einem Schlackenkörper, der ohne Anwendung einer primären Vorbehandlung täglich 3 mal gefüllt wurde, die Aufnahmefähigkeit schon nach der 28. Füllung um 30 pCt. gesunken war. Immerhin ist hier in Betracht zu ziehen, dass dieser letztgenannte Schlackekörper vor Beginn der täglich dreimaligen Füllung bereits in Benutzung gewesen war.

Es bedarf hiernach noch weiterer Untersuchungen darüber, ob das doppelte Oxydationsverfahren bei forcirtem Betriebe die quantitative Leistungsfähigkeit der Oxydationskörper erheblich vergrössert.

Täglich sechsmalige Füllung.

Schlacke. — Korngrösse 3—10 mm.

Die Grundfläche des Körpers betrug 64 qm, die Höhe 1,40 m, die Korngrösse des Materials 3—10 mm. Die Aufnahmefähigkeit betrug bei Beginn des Versuches 400 Liter pro Cubikmeter Schlackenmaterial. Innerhalb eines Monats sank diese auf 107 Liter pro Cubikmeter. Das Porenvolumen hatte also um 23,4 pCt. abgenommen, die Aufnahmefähigkeit, pro Cubikmeter Schlacke berechnet, um 58 pCt. Die Füllung des Körpers liess sich selbst am Ende dieses Versuches noch innerhalb einer halben Stunde bewerkstelligen. Das ist darauf zurückzuführen, dass die Verschlammung der Oberfläche bei einem grösseren Oxydationskörper nicht völlig gleichmässig erfolgt, bezw. dass sich in der Schlammdecke Risse bilden, welche das Wasser schnell durchtreten lassen. In der Tiefe, wo die Verschlammung weniger fortgeschritten ist, vertheilt sich dann das Wasser mit grösserer Schnelligkeit. Während man nach den in kleinem Maassstabe ausgeführten Untersuchungen zu der Ansicht gelangen würde, dass schon infolge der längeren Füllungsdauer die Aufrechterhaltung des Betriebes sich bei forcirter Inanspruchnahme der Oxydationskörper nach Verlauf einiger Monate zu einer praktischen Unmöglichkeit gestalten würde, findet man bei Versuchen in grösserem Maassstabe, dass diese Gefahr weit geringer ist, und dass als einziger zugleich aber auch sehr schwerwiegender, nachtheiliger Factor bei dem forcirten Betriebe die sehr schnelle Abnahme der Aufnahmefähigkeit, und infolge dessen die Herabsetzung der quantitativen Leistung, zurückbleibt.

Die Abflüsse aus dem täglich 6mal gefüllten Schlackenkörper rochen anfangs erdig bezw. moderig. Nach Ablauf von etwa 3 Wochen waren sie kohlartig, schliesslich kohlartig-fäkalisch. Sie waren trübe infolge der oben beschriebenen, erheblichen Ausscheidung von Eisen aus dem Oxydationskörper. Ihre Durchsichtigkeit betrug etwa 4 cm.

Die Herabsetzung der Oxydirbarkeit schwankte zwischen etwa 60 und 86 pCt., sie belief sich in der Regel auf 70 bis 80 pCt.

Der Permanganatverbrauch schwankte zwischen etwa 50 und 100 mg im Liter, lag in der Regel zwischen etwa 60 und 80 mg.

Der oben erwähnte kohlartige Geruch ist hiernach nicht auf eine hohe Oxydirbarkeit der Abwässer zurückzuführen, sondern höchst wahrscheinlich auf die Ausscheidung riechender Schwefelverbindungen, die, ebenso wie das Eisen, durch die erheblichen Reductionsvorgänge bedingt wird.

Die quantitative Leistung nahm bei diesen Versuchen derartig rapide ab, dass ein forcirter Betrieb, wie er hier in Frage kommt, praktisch nicht empfehlenswerth erscheint, wenigstens nicht bei Oxydationskörpern, die aus feinkörnigem Material hergestellt sind.

Zur Schlammfrage.

Unsere oben beschriebenen Versuche lassen die Thatsache deutlich erkennen, dass eine Verschlammung der Oxydationskörper mit Sicherheit zu erwarten ist, selbst in dem Falle, dass die Körper mit der grösstmöglichen Schonung behandelt werden.

Diese Verschlammung beeinträchtigt nicht die qualitative Leistungsfähigkeit der Oxydationskörper, sondern sie erhöht dieselbe. Die quantitative Leistungsfähigkeit dagegen wird durch die Verschlammung in fortschreitendem Maasse herabgesetzt.

Dieser Rückgang der quantitativen Leistungsfähigkeit der Oxydationskörper erreicht nach unseren Erfahrungen einen erheblichen, störenden Grad innerhalb eines so kurzen Zeitraums, dass die praktische Verwerthbarkeit des Verfahrens in Frage gestellt sein würde, falls sich eine Regenerirung der Oxydationskörper nicht ermöglichen liesse.

Die Verschlammung und Regenerirung der Oxydationskörper ist deshalb — nachdem der zufriedenstellende Reinigungserfolg als erwiesen angesehen werden darf — als der Punkt anzusehen, welchem von allen, mit dem Oxydationsverfahren zusammenhängenden Fragen zur Zeit die grösste praktische Bedeutung beizumessen ist.

Die Kosten des Oxydationsverfahrens lassen sich naturgemäss erst übersehen, nachdem über die Verschlammungs- und Regenerirungsfrage völlige Klarheit verbreitet ist.

Bei Projectirung einer Anlage wird von vornherein festzustellen sein, bis zu welchem Verschlammungsgrade man die Oxydationskörper gelangen lassen will, ehe man zur Regenerirung derselben schreitet.

Nach unseren Erfahrungen würde es sich nicht empfehlen, den Betrieb fortzusetzen, nachdem die Aufnahmefähigkeit der Oxydationskörper bis auf etwa 250 Liter pro Cubikmeter zurückgegangen ist.

Die Annahme scheint noch sehr verbreitet zu sein, dass eine genügende Regenerirung des Oxydationskörpers durch mehrwöchentliche Lüftungsperioden zu erreichen sei. Nach unseren Erfahrungen ist diese Voraussetzung irrig.

Wir glauben auch nicht, dass der Erfolg erheblich besser werden wird, wenn man den Oxydationskörper selbst monatelang ausser Betrieb lässt. Das scheint aus den weiter unten angeführten Schlammanalysen hervorzugehen, welche zeigen, dass nur ein relativ geringer Theil des im Oxydationskörper abgelagerten Schlammes zersetzungsfähig ist. Der weitaus grösste Theil des Trockenrückstandes besteht aus nicht fäulnissfähigen Bestandtheilen, beim Schlacken- und Kieskörper aus Mineralbestandtheilen beim Cokes aus Kohlepartikelchen.

Wenn · die Verschlammung durch Aufleiten von Rohwässern in continuirlichem Strome herbeigeführt ist, so hat der Schlamm eine andere Natur. Er besteht dann zum grössten Theil aus unzersetzten, schwebenden Schmutzstoffen. Ein derartiger Schlamm wird sich freilich im Laufe der Zeit zum grössten Theile zersetzen. Bei einem gut geregelten Betriebe darf sich aber im Oxydationskörper solcher Schlamm in erheblichen Mengen garnicht ablagern. Diesen Unterschied hatten die englischen Autoren wohl nicht genügend beachtet und deshalb so grosse Hoffnung auf das Brachliegen des Oxydationskörpers gesetzt.

Eine durchgreifende, zufriedenstellende Regenerirung der Oxydationskörper ist unseres Erachtens nur von einem Abspülen derselben oder von einer Maassnahme von ebenso eingreifender Natur zu erwarten. Die Frage über die praktische Anwendbarkeit des Oxydationsverfahrens wird davon abhängen, ob dieser Regenerirungsmodus technisch und financiell durchführbar erscheint.

Der im Oxydationskörper abgelagerte Schlamm muss bei einem solchen Reinigungsprocess nothwendigerweise in Wasser aufgeschwemmt werden. Das ist eine Manipulation, die man naturgemäss lieber vermeiden würde. Der aufgeschwemmte Schlamm schlägt sich innerhalb 1 bis 2 Stunden aus dem Spülwasser vollständig nieder. Eine Thatsache, die geeignet erscheint, den Spülprocess ganz bedeutend zu erleichtern. Man braucht in solchem Falle nicht sehr grosse Mengen von Spülwasser zu benutzen, sondern man kann ein gewisses Quantum immer wieder in Gebrauch nehmen. Als Spülwasser lässt sich rohes Abwasser verwenden.

Günstig ist ferner der Umstand, dass der Schlamm, wie schon erwähnt, verhältnissmässig sehr geringe Mengen zersetzungsfähiger Substanzen enthält und deshalb nicht in stinkende Fäulniss übergeht. Er hat einen sehr hohen Wassergehalt, lässt sich aber auf Sand innerhalb 2 bis 3 Tagen zu einer stichfesten, thonartigen, geruchlosen Masse drainiren.

Die nachstehende Tabelle enthält die Analysendaten, die sich

Tab. 13.

Zusammensetzung des aus Oxydationskörpern abgespülten Schlamms.

Art des Körpers	Menge des Körpermaterials	Gewonnene Schlammmenge pro cbm Material nach (48stünd. Sedimentirung)	Zusammensetzung des Schlammes nach 48 stündiger Sedimentirung — in der Trockensubstanz sind enthalten Procente:											
			Wasser	Trockensubstanz	Glühverlust	Mineralbestandtheile	Gesammtstickstoff	Unlösliches	Eisenoxyd + Thonerde	Kalk	Magnesia	Schwefelsäure	Phosphorsäure	Chlor
	cbm	Liter	pCt.	pCt.										
Einfaches Oxydationsverfahren.														
Schlackenkörper nach 400 Füllungen . .	90	378	88,2	11,8	20,6	79,4	1,27	53,0	19,9	3,6 reichl. Mengen	0,5	0,5	1,6	Spur
do. aus 15—20 cm Tiefe des Körpers .	—	385	87,7	12,3	21,5	78.5	1,38	48,8	17,9		—	—	—	—
do. aus 30—70 cm Tiefe des Körpers .	—	365	86,2	13,8	20,8	79,2	1,09	48,8	22,0	„	—	—	—	—
do. aus 90—120 cm Tiefe des Körpers .	—	340	87,4	12,6	17,0	83,0	1,25	50,5	22,3	„	—	—	—	—
Doppeltes Oxydationsverfahren.														
Primärer Cokeskörper nach ca. 1000 Füllungen	ca. 1³/₄	325	—	—	—	—	—	—	—	—	—	—	—	—
Secundärer Cokeskörper nach 348 Füllungen	ca. 1¹/₂	135	65,7	34,3	65,5	34,5	1,33	30,9	3,7	0,2	Spur	—	—	—
Secundärer Kieskörper nach 348 Füllungen,	ca. 1¹/₂	71	67,4	32,6	8,4	91,6	0,57	78,9	8,7	1,3	Spur	—	—	—
nach dem Waschen und weiteren 160 Füllungen . . .	—	69	—	—	—	—	—	—	—	—	—	—	—	—
Sekundärer Schlackenkörper nach 348 Füllungen	ca. 1³/₄	138	83,1	16,9	25,2	74,8	1.46	49,3	17,8	3,7	Spur	—	—	—

bei der Untersuchung des Schlammes ergaben, der von verschiedenartigen Oxydationskörpern stammte.

Dieser Schlamm ist in folgender Weise gewonnen worden: Das
Material des Oxydationskörpers wurde in der doppelten Menge Wasser
kräftig durchgerührt. Darauf wurde das Wasser abgelassen und der
Vorgang noch zweimal in derselben Weise wiederholt. Die Spülwässer liefen in einen Behälter, in dem der Schlamm aussedimentirte.
Die vorstehend angeführten Werthe beziehen sich auf Schlammproben,
die 48 Stunden sedimentirt hatten.

Auffallend erscheint die Thatsache, dass aus dem groben primären Cokeskörper nach 1000 maliger Füllung 325 Liter Schlamm
pro Cubikmeter gewonnen wurden, aus dem feinkörnigen, nach dem
einfachen Verfahren betriebenen Oxydationskörper dagegen schon nach
400 maliger Füllung im Mittel 363 Liter. Wir schreiben das den
energischeren Zersetzungs- und deshalb auch Verwitterungsvorgängen
zu, die sich in dem letzteren abspielten.

Aus dem secundären Cokeskörper wurden nach 348 maliger
Füllung 135 Liter Schlamm pro Cubikmeter gewonnen, aus dem se-
cnndären Schlackekörper nach derselben Zeit 138 Liter, aus dem
secundären Kieskörper 71 Liter Schlamm.

Durch Drainiren verlieren diese Schlammproben etwa ein Drittel
ihres Volumens. Der drainirte Schlamm aus dem Kieskörper hatte
das Aussehen und die Consistenz von weichem Thon. Der drainirte
Schlamm aus Schlacke und Cokes glich nach Aussehen, Consistenz
und Geruch einem moorigen Boden.

Der Wassergehalt des nicht drainirten Schlammes belief sich auf
etwa 85 bis 90 pCt. Bei den secundären Kies- und Cokeskörpern
war er etwas geringer. Er betrug hier etwa zwei Drittel des Volumens.

Die Trockensubstanz bestand bei Schlacke zu etwa 80 pCt., bei
Kies zu reichlich 90 pCt. aus mineralischen Bestandtheilen. Der
Stickstoffgehalt der Trockensubstanz belief sich auf 0,5 bis 1,5 pCt.

Auch diese Untersuchungsergebnisse lassen erkennen, dass von
dem Oxydationsverfahren, sofern es sachgemäss betrieben wird, nicht,
wie bei dem Kalkklärverfahren, grosse Mengen offensiv wirkenden
Schlammes zu erwarten sind.

Nach unsern Beobachtungen erscheint der Regenerirungsvorgang
derartig einfach und wenig belästigend, ferner, soweit wir zu beurtheilen vermögen, technisch so leicht durchführbar, dass wir von
dieser Seite aus keinerlei Bedenken gegen das Abspülen des Oxyda-

tionskörpers erheben können. Der Schwerpunkt scheint uns in der Kostenfrage zu liegen.

Die Frage, ob es empfehlenswerther sei, dass Material zwecks Reinigung aus dem Oxydationskörper herauszuheben, oder ob die Reinigung sich in der Grube selbst vortheilhafter durchführen lassen würde, vermögen wir nicht zu beurtheilen. Sie wird jedenfalls von localen Verhältnissen sehr abhängig sein. Soviel können wir jedoch sagen, dass der Schlamm nur sehr locker auf dem Material haftet und deshalb leicht zu entfernen ist. Wir möchten es jedenfalls für durchführbar halten, dass das Abspülen in der Grube selbst erfolgt. Man wird auf einer Seite des Oxydationskörpers beginnen, das Material abzuspülen und aus dem abgespülten Material den Oxydationskörper gleich wieder aufbauen. Die Spülwässer würden in eine Grube zu leiten sein, aus der sie nach kurzer Zeit in sedimentirtem Zustande wieder für Reinigungszwecke aufgepumpt werden könnten. Diese Vorschläge würden in den Händen des Technikers voraussichtlich bald eine andere Gestalt annehmen. Sie sollen nur zur ungefähren Orientirung darüber dienen, was man sich unter dem Regenerirungsprocess vorzustellen hat.

Der Erfolg des beschriebenen Abspülens verschlammter Oxydationskörper ist schon weiter oben besprochen worden. Die nachstehende Tabelle enthält eine zahlenmässige Uebersicht darüber.

(Tabelle 14 siehe Seite 128.)

Aus der Tabelle No. 13 geht hervor, dass die Mengen und die Zusammensetzung des Schlammes in den tieferen Theilen des Oxydationskörpers nicht erheblich abweichen von denjenigen, die sich näher der Oberfläche ergeben.

Eine finanzielle Verwerthung des Schlammes erscheint uns nicht aussichtsvoll, doch könnte er in drainirtem Zustande unbedenklich zu Terrainerhöhungen benutzt werden.

Bei der Verwendung des doppelten Oxydationsverfahrens fallen die Schlammmengen nicht geringer aus, als bei dem einfachen. In beiden Fällen hat man mit etwa 300—400 Liter Schlamm pro Cubikmeter des Oxydationskörpers nach etwa 500 Füllungen zu rechnen. Nur entfällt beim doppelten Oxydationsverfahren ein grosser Theil des Schlammes auf den primären Oxydationskörper, der sich weit langsamer verstopft und wegen seiner geringeren Dimensionen mit geringeren Unkosten reinigen lässt.

Tab. 14.

Aufnahmefähigkeit in Litern pro Cubikmeter Körpermaterial in frischem Zustande,
vor und nach der Regenerirung.

Art des Körpers	Menge des Körpermaterials cbm	Aufnahmefähigkeit Liter pro cbm Körpermaterial			Materialverlust durch die Regenerirung pCt.
		ursprünglich	vor der Regenerirung	nach der Regenerirung	
Einfaches Oxydationsverfahren.					
Schlackenkörper nach 400 Füllungen . .	ca. 90	400	166	328	—
do. nach der Renerirung u. weiteren 128 Füllungen	64	328		290	—
Doppeltes Oxydationsfahren.					
Primärer Cokeskörper nach ca. 1000 Füllungen	ca. $1^3/_4$	537	300	430	9
Secundärer Cokeskörper nach 348 Füllungen	ca. $1^1/_2$	365	298	359	1,9
Secundärer Kieskörper nach 348 Füllungen	ca. $1^1/_2$	339	173	238	0
do. nach der Regenerirung und weiteren 160 Füllungen . .	„	238	196	237	3
Seeundärer Schlackenkörper nach 348 Füllungen	ca. $1^3/_4$	475	283	432	6,6

Dass die aus dem secundären Kieskörper gewonnene Schlammmenge bei unseren Versuchen geringer ausfiel als bei Cokes und Schlacke, ist zum Theil darauf zurückzuführen, dass die Entschlammung des Kieses, wie wir schon weiter oben gesehen haben, nicht in demselben Maasse gelang, wie bei den anderen Materialien.

Die von uns beobachteten Schlammmengen beliefen sich auf etwa $1/_8$ derjenigen Menge, die sich bei dem chemisch-mechanischen Verfahren pro Cubikmeter Abwasser zu ergeben pflegen.

Neben der geringeren Menge kommt in Betracht, dass der Schlamm, wie gesagt, nicht offensiv wirkt und in Folge einfacher Drainirung innerhalb sehr kurzer Zeit vollkommen stichfest wird.

Je forcirter der Oxydationskörper betrieben wird umso schneller tritt seine Verschlammung ein. Das ist, wie schon dargelegt wurde, zum Theil auf die grössere Intensität der Verwitterungsprocesse zurückzuführen, denen der Oxydationskörper bei stärkerer Inanspruchnahme unterliegt. Je häufiger man pro Tag den Oxydationskörper füllt, um so eher wird seine quantitative Leistungsfähigkeit herabsinken und zwar, wie schon dargelegt, nicht proportional der Zahl der Füllungen, sondern erheblich schneller. Die Regenerirungskosten werden deshalb auf den Cubikmeter Abwasser berechnet, bei einem forcirten Betrieb höher ausfallen, als bei einem schonenden Betriebe. Hiernach könnte es scheinen, dass ein schonender Betrieb unter allen Umständen finanziell vortheilhafter sein müsste, als ein forcirter Betrieb. Dieser Schluss ist aber in solcher Allgemeinheit sicher nicht berechtigt. Das ergiebt sich aus den folgenden Darlegungen.

Zur Kostenfrage.

Aus unseren ganzen oben angeführten Beobachtungen geht hervor, dass die Frage über die Anwendbarkeit des Oxydationsverfahrens sich zu einer reinen Kostenfrage zuspitzt.

Von verschiedenen Seiten wird noch die Ansicht vertreten, dass das Oxydationsverfahren billiger sei als die einfachen Kalkklärverfahren. Bislang sind uns aber noch keine gründlichen, längere Zeit durchgeführten Versuche bezw. Beobachtungen über die Verschlammungs- und Regenerirungsfrage bekannt geworden. Erst in der allerletzten Zeit fängt man in England an, sich auf den unsererseits vor einem Jahre in Köln vertretenen Standpunkt zu stellen und zuzugeben, dass der Verschlammung und Regenerirung des Oxydationskörpers eine grosse Bedeutung beizumessen sei. Wir bezweifeln nicht, dass eingehende Untersuchungen über die hier berührten Fragen auch unsere weitere Behauptung bestätigen werden, dahin gehend, dass die Regenerirung Kosten verursachen wird, die, wenn sie auch vielleicht nicht ganz so hoch ausfallen werden, wie die Kosten der bei dem Kalkverfahren gebrauchten Chemikalien, so doch einen der wichtigsten Betriebsfactoren ausmachen werden. Die Regenerirung der Oxydationskörper wird unseres Erachtens neben Verzinsung nnd Amortisation der Anlage den Haupttheil der Kosten des in Rede stehenden Verfahrens verursachen.

Von Pumpkosten und ähnlichen, von localen Verhältnissen beeinflussten Kosten sehen wir ab, dieselben würden sich bei anderen Verfahren voraussichtlich nicht anders gestalten, als bei dem Oxydationsverfahren und würden dementsprechend in jedem Falle hinzu zu addiren sein. Die Wartung der Oxydationskörper ist so einfach, dass der Betrag der Löhne, wenn man die mit der Reinigung zusammenhängenden Löhne ausschliesst, jedenfalls geringer ausfallen wird als bei dem chemisch mechanischen Verfahren.

Welche Kosten durch die Reinigung des Oxydationskörpers entstehen werden, lässt sich zur Zeit auf Grund concreter Erfahrungen nicht sagen. Man kann hierüber Schlüsse nur nach Analogie mit ähnlichen Manipulationen ziehen. Jedenfalls wird es von erheblichem Einfluss auf diese Kosten sein, ob das Material jedesmal zwecks Reinigung aus der Grube herausgehoben werden muss, oder, wie weiter oben angedeutet, die Abspülung in der Grube selbst vorgenommen werden kann. Für die nachstehenden Darlegungen ist es erwünscht, einen Factor anzuführen, der den thatsächlichen Verhältnissen möglichst nahe kommt. Nach Rücksprache mit verschiedenen technischen Sachverständigen wollen wir im Nachstehenden annehmen, dass die Reinigungskosten pro Cubikmeter des Oxydationskörpers sich bei dem oben vorgeschlagenen Reinigungsmodus einschliesslich aller mit der Schlammbeseitigung zusammenhängenden Kosten auf 2 Mark belaufen. Dieser Factor wird ohne Zweifel gelegentlich, möglicher Weise sogar in der Regel, geringer ausfallen. Es erscheint jedoch nach unseren Informationen unwahrscheinlich, dass die Reinigung sich noch theurer stellen würde.

Die Literaturangaben betreffend die Kosten der baulichen Anlagen für das Oxydationsverfahren sind noch recht spärlich. Bei der Veranschlagung dieser Kosten kann man von verschiedenen Gesichtspunkten ausgehen. Man kann die Berechnungen anstellen für den Kopf der Bevölkerung, für den Cubikmeter des behandelten Abwassers, für den Tagescubikmeter Abwasser oder auch in noch anderer Weise. Wir halten es für zweckmässig bei der Projectirung von Oxydationsanlagen den Cubikmeter Oxydationsmaterial als Einheitssatz zu Grunde zu legen. Die Berechtigung dieser Auffassung ergiebt sich aus den weiter unten folgenden Darlegungen.

In Sutton sollen nach Angabe von Dibdin die Oxydationskörper sich auf weniger als $4^1/_2$ Mark pro Cubikmeter gestellt haben. Diese Anlage wurde absichtlich möglichst primitiv hergestellt unter Verwendung des an Ort und Stelle ausgegrabenen und gebrannten Thones. Kostspielige Mauerwerke fehlten gänzlich. Obgleich Arbeiten, wie die hier in Frage kommenden in England erheblich kostspieliger sein sollen als in Deutschland, so darf man wohl annehmen, dass eine Unterschreitung des oben genannten Einheitssatzes auch in Deutschland nur sehr selten vorkommen dürfte.

Parry veranschlagt die Kosten einer Oxydationsanlage pro Cubikmeter des Oxydationskörpers auf mindestens 10 Mark. Ein Entwurf für Blackburn schliesst mit etwa 22 Mark pro Cubikmeter Oxydationsmaterial ab.

Aus einer Veröffentlichung von Metzger[1] ersehen wir, dass dieser für Insterburg ein Project ausgearbeitet hat, wonach bei Anwendung überdeckter Oxydationskörper die Kosten einer für 30000 Einwohner bestimmten Anlage mit allen Maschinen sich auf 110000 Mark stellen soll. Unter Annahme von 80 Liter Abwasser pro Tag und Kopf der Bevölkerung stellt sich der Cubikmeter des nach diesem Project drei Mal zu füllenden Oxydationskörpers auf ungefähr 46 Mark.

Bei der Herstellung der Oxydationsanlage werden die Kosten des zum Aufbau des Körpers verwendeten Materials einen sehr wesentlichen Factor bilden. In Sheffield berechnet man die Kosten für einen Cubikmeter groben Cokesmaterials auf 11 Mark, die Kosten des feineren (secundären) Körpers dagegen auf nur 2,50 Mark pro Cubikmeter, weil hierzu Cokesgrus verwendet werden kann.

Ergänzungsweise mag noch folgendes angeführt werden:

Treesch berechnet die Kosten des Oxydationsverfahrens auf 88 Pfg. pro Kopf und Jahr. Nach einem Entwurf für Manchester schätzt Parry die Kosten der Zinsen und Amortisation der Oxydationsanlage auf 0,7 Pfg. pro Cubikmeter Abwasser bezw. auf 25 Pfg. pro Kopf und Jahr.

Dieses sind sämmtliche, in der uns zugänglichen Literatur enthaltenen, verwerthbaren zahlenmässigen Angaben über die Kosten des Oxydationsverfahrens. Zum grössten Theil handelt es sich Abschätzungen, nicht aber um erfahrungsmässig gewonnenes Material.

Die Kosten der Anlage werden durch örtliche Verhältnisse naturgemäss in ganz ausserordentlichem Maasse beeinflusst. In moorigem Boden z. B., wo nur starkes Mauerwerk verwendet werden kann, das ausserdem noch durch einen Lehm- und Thonschlag gestützt wird, sollen sich die Kosten der Anlage pro Cubikmeter Oxydationskörper gelegentlich bis auf etwa 40 Mark belaufen können.

Zieht man die Kosten der baulichen Anlage in der üblichen Form von Verzinsung und Amortisation in Rechnung, so müssen so weit gehende Preisschwankungen, wie sie oben angeführt wurden, natur-

---

1) Technisches Gemeindeblatt. 1899. S. 238.

gemäss von grossem Einflusse sein auf die Kosten die sich pro Cubikmeter der behandelten Abwässer bezw. pro Kopf und Jahr der Bevölkerung ergeben.

Nach unseren mitgetheilten Erfahrungen betreffend Verwitterung des Oxydationskörpers müssen die Amortisationskosten auch noch höher veranschlagt werden als es bei andersartigen Anlagen geschieht. Man würde bei dem Oxydationsverfahren die Amortisation und Verzinsung kaum unter 10 Procent pro Jahr in Rechnung ziehen dürfen.

In welchem Maasse die durch locale Verhältnisse bedingten Schwankungen der Baukosten die Kosten der Abwässerbehandlung beeinflussen, zeigt folgendes einfache Beispiel. Kostet die Anlage pro Cubikmeter des Oxydationskörpers 10 Mark und füllt man den Oxydationskörper täglich 3 mal, so belaufen sich die Kosten der Verzinsung und Amortisation bei 10 Procent auf etwa $^1/_4$ Pfg. pro Cubikmeter Abwasser. Kostet die Anlage jedoch pro Cubikmeter des Oxydationskörpers 40 Mark, so ergeben sich pro Cubikmeter Abwasser Kosten von 1 Pfg. lediglich für Verzinsung und Amortisation.

Weitere einschlägige Kostenberechnungen dürften als die Aufgabe der Techniker anzusehen sein. Wir glauben ihnen jedoch an der Hand unserer in Bezug auf die Verschlammungsfrage gemachten Erfahrungen folgende Daten noch an die Hand geben zu sollen.

Wo die baulichen Anlagen sich sehr kostspielig stellen, z. B. dem oben angegebenen Preise von 40 Mark pro Cubikmeter sich nähern, resp. darüber hinausgehen, da wird man naturgemäss versuchen die Dimension des Oxydationskörpers nach Möglichkeit einzuschränken. Man wird also versuchen den Oxydationskörper täglich so häufig wie nur irgend zulässig mit Abwässern zu füllen. Dabei werden, wie wir oben schon dargelegt haben, die Kosten für Regenerirung des Körpers, auf den Cubikmeter Abwasser berechnet, in unverhältnissmässiger Weise steigen. Es fragt sich nun, welcher der beiden in Frage stehenden Factoren, die Verzinsung und Amortisation, oder aber die Reinigungskosten den grösseren Einfluss auf das Schlussergebniss haben werden. Concrete Erfahrungen über die Reinigungskosten fehlen, wie schon gesagt, gänzlich. Wir wollen annehmen, die weiter oben veranschlagten Kosten träfen etwa das richtige Mittel und auf Grund dieser Annahme die Kosten der Regenerirung und der Verzinsung und Amortisation bei 1 bezw. 3 maliger Füllung des Oxydationskörpers in Vergleich stellen.

Soll der Oxydationskörper täglich einmal gefüllt werden und will man die Regnerirung des Körpers vornehmen sobald das Porenvolumen des Oxydationskörpers auf 25 Procent zurückgegangen ist, so muss die Anlage, wenn pro Tag z. B. 1000 Cubikmeter Abwasser behandelt werden sollen, 4000 Cubikmeter Oxydationskörper erhalten. Kostet die Anlage pro Cubikmeter Oxydationskörper 10 Mark — die Gesammtanlage also 40000 Mark — so ist für Verzinsung und Amortisation nach dem oben Gesagten jährlich 4000 Mark anzunehmen. Wird der Körper täglich einmal beschickt, so wird seine Reinigung erst nach Ablauf von 1 bis 2 Jahren nothwendig sein. Nehmen wir an, die Reinigung sei nach 2 Jahren erforderlich und kostete, wie oben ausgeführt, pro Cubikmeter 2 Mark, so würden hierüber pro Jahr Kosten von 4000 Mark entstehen. Die jährlichen Kosten einer solchen Anlage würden also, soweit die in Frage stehenden Hauptfactoren in Betracht kommen, sich auf 8000 Mark belaufen.

Verursacht der Bau der beschriebenen Anlage pro Cubikmeter Oxydationskörper Kosten von 40 Mark, so ist für Verzinsung und Amortisation jährlich eine Summe von 16000 Mark anzusetzen. Die Kosten für die Reinigung bleiben dieselben. Diese beiden Factoren verursachen also jährlich Kosten von 20000 Mark.

Wollte man den Oxydationskörper täglich zweimal füllen, so würden für eine Tagesleistung von 1000 Cubikmeter Abwasser nur 1333 Cubikmeter Oxydationsmaterial nothwendig sein. Die Anlagekosten würden sich also bei 10 Mark pro Cubikmeter auf 13333 Mark bei 40 Mark pro Cubikmeter auf 53330 Mark stellen, die Amortisationskosten demnach im ersteren Falle mit 1333 Mark in Rechnung zu ziehen sein, im zweiten Falle mit 5333 Mark.

Bei täglich dreimaliger Füllung des Oxydationskörpers würde die Reinigung des letzteren etwa dreimal im Jahre nothwendig sein, falls man dieselbe vornehmen will, sobald das Porenvolumen bis auf 25 Procent zurückgegangen ist. Die Reinigungskosten würden sich darnach jährlich auf etwa 8000 Mark stellen.

Diese besprochenen Factoren sind in der umstehenden Tabelle übersichtlich zusammengestellt.

Trifft unsere Voraussetzung zu, dass bei einmal täglicher Füllung die Reinigung der Oxydationskörper erst in einer 6 mal längeren Periode nothwendig wird als bei täglich dreimaliger Füllung, so berechnet sich Reinigung und Verzinsung plus Amortisation bei 10 Mark

Reinigungskosten pro Kubikmeter Abwasser bei einer Anlage für 1000 cbm täglicher Leistung unter Zugrundelegung von 2 M. für die Reinigung und von 10 M. bis 40 M. Anlagekosten für 1 cbm Körpermaterial.

1. Einmalige Füllung des Oxydationskörpers pro Tag.

Erforderliche Körpergrösse   4000 Kubikmeter.
Häufigkeit der Reinigung   1 mal in 2 Jahren.

Anlagekosten pro cbm Körper	Kosten der Reinigung jährlich	Verzinsung und Amortisation (10 pCt. der Anlagekosten)	Gesammt-kosten jährlich	Kosten	
				pro cbm Abwasser	pro Kopf und Jahr (100 L. Wasserverbrauch tägl.)
M.	M.	M.	M.	Pf.	M.
10	4000	4000	8000	2,2	0,80
40	4000	16000	20000	5,5	2,00

2. Dreimalige Füllung des Oxydationskörpers pro Tag.

Erforderliche Körpergrösse   1333 Kubikmeter.
Häufigkeit der Reinigung   3 mal pro Jahr.

Anlagekosten pro cbm Körper	Kosten der Reinigung jährlich	Verzinsung und Amortisation (10 pCt. der Anlagekosten)	Gesammt-kosten jährlich	Kosten	
				pro cbm Abwasser	pro Kopf und Jahr (100 L. Wasserverbrauch tägl.)
M.	M.	M.	M.	Pf.	M.
10	8000	1333	9333	2,6	0,93
40	8000	5333	13333	3,7	1,33

Baukosten pro Cubikmeter und täglich einmaliger Füllung auf jährlich 8000 Mark, bei dreimaliger Füllung jährlich auf 9333 Mark.

Es stellt sich also die täglich dreimalige Füllung bei dieser billigeren Anlage theuerer als die täglich einmalige Füllung. Umgekehrt liegt die Sache bei einer theureren Anlage. Hier stellt sich die dreimalige Füllung im Betriebe erheblich billiger als die täglich einmalige Füllung.

In der Tabelle sind die entsprechenden Ziffern pro Kopf und Jahr bezw. pro Cubikmeter Abwässer ebenfalls eingetragen. Dieselben zeigen, dass Anlagen, die sich im Bau sehr theuer stellen, bei täglich einmaliger Füllung pro Cubikmeter Abwasser ganz ausserordentlich hohe Kosten ergeben. Bei täglich dreimaliger Füllung werden diese nicht unwesentlich niedriger ausfallen, immerhin noch eine nicht unbedeutende Höhe erreichen.

Das doppelte Oxydationsverfahren würde, sofern täglich einmalige Füllung beabsichtigt ist, unseres Erachtens nur bei sehr concentrirten Abwässern empfehlenswerth sein, bei täglich dreimaliger Füllung dagegen würden wir dieses Verfahren unter allen Umständen empfehlen. Die Kosten des doppelten Verfahrens stellen sich bei täglich dreimaliger Füllung überdies, wenn wir von den oben besprochenen Grundlagen ausgehen, billiger als diejenigen des einfachen Verfahrens. Von zahlenmässigen Ausführungen über diesen Punkt glauben wir an dieser Stelle absehen zu sollen.

Die oben besprochenen Zahlen sind, wie wir wiederholt betonten nur angeführt, um die Verschiebung zu zeigen, welche sich zwischen den Kosten für Verzinsung und Amortisation einerseits und für die Regenerirung des Körpers andererseits ergeben, je nach der Höhe der Baukosten. Sie sollen nicht als ein Versuch zur Veranschlagung der von dem Oxydationsverfahren thatsächlich zu erwartenden Kosten aufgefasst werden. Wir haben z. B. Löhnung für Wartung der Anlage und sämmtliche sonstigen allgemeinen Kosten völlig ausser Acht gelassen.

Es würde uns freuen, wenn die Kostenfrage von technischer Seite einer gründlicheren Bearbeitung unterzogen würde, als wir es vermögen. Sie bildet, wie wir schon sagten, den Kernpunkt der Frage, ob das Oxydationsverfahren bestimmt sei in der Abwässerreinigungsaufgabe eine bedeutende Rolle zu spielen.

6.

Bericht über die seitens der Sachverständigen-Commission an der Versuchskläranlage für städtische Abwässer auf der Pumpstation Charlottenburg angestellten Versuche.[1]

Erstattet von

Dr. **Schmidtmann**,
Geh. Ober-Med.-Rath im Ministerium der Medicinal-Angelegenheiten,

Prof. **Proskauer** und Dr. **Elsner**,
am Institut
für Infectionskrankheiten,

Director Dr. **Wollny** und Dr. **Baier**
am Nahrungsmittel-Untersuchungsamt der Landwirthschaftskammer für die Prov. Brandenburg,

und

Dr. **Thiesing**,
stellv. Vorsteher der Versuchsstation der Deutschen Landwirthschafts-Gesellschaft.

Die in der einleitenden Besprechung zu den „Gutachten, betreffend Städtecanalisation und neue Verfahren für Abwässerreinigung" von Dr. Schmidtmann erwähnte und abgebildete[2] Versuchskläranlage auf der Pumpstation Charlottenburg wurde durch die Aufstellung eines hölzernen Kastens von etwa 6 cbm Inhalt zur Entnahme richtiger Durchschnittsproben des Rohwassers und eines Apparates zur Messung der die Filter passirenden Wassermengen erweitert. Beide Vorrichtungen hatten sich nach den bei den früheren Untersuchungen gemachten Erfahrungen als nothwendig erwiesen.

Der Messapparat besteht aus 2 neben einander stehenden Gefässen von je 100 l Inhalt, welche durch eine über ihnen angeordnete pendelnde Rinne abwechselnd gefüllt und durch am Boden der Gefässe befindliche Ventile wieder entleert werden. Das Oeffnen und Schliessen der letzteren geschieht durch selbstthätige Schwimmer, welche gleichzeitig mittelst eines geeigneten Hebelwerkes die pen-

---

1) Mit Genehmigung des Herrn Ministers veröffentlicht.
2) Vierteljahrsschrift f. ger. Med. u. öff. San. 1898. Bd. XVI. Suppl.

delnde Rinne umsteuern. Ein Zählwerk registrirt die Anzahl dieser Umsteuerungen, von denen jede den Durchfluss von 100 l Wasser durch den Apparat andeutet.

Was zunächst die Platzwahl angeht, so könnte man im Zweifel sein, ob nicht das Vorhandensein der verschiedenartigsten technischen Abwässer aus den Charlottenburger Fabriken, Laboratorien und gewerblichen Anstalten aller Art die beabsichtigten Studien beeinträchtigen würde. Bis jetzt hat sich die Berechtigung dieses Zweifels nicht ergeben, und da der Endzweck der Versuche der ist, ein event. auch für derartige Abwässer genügendes, praktisch anwendbares Verfahren auszuarbeiten, so kann die Wahl Charlottenburgs im Gegentheil als zweckmässig angesehen werden. Denn wenn die so mannigfach verunreinigten Charlottenburger Abwässer genügend geklärt werden können, so ist damit wohl für die Mehrzahl der in günstigerer Lage befindlichen Städte die gleiche Möglichkeit gegeben.

Die Filter waren I, II, III bezeichnet und durch die Zusammensetzung ihres Füllmaterials unterschieden. I bestand aus Sand und Coks, II aus Granit, Kies und Sand, und III aus Sand und Ziegelbrocken (Klamotten). Oben waren die Filter mit einer Schicht Holzwolle bedeckt. Sie hatten, mit dem Filtermaterial gefüllt, einen nutzbaren Raum von reichlich 5 cbm und brauchten zur Füllung und Entleerung je etwa 2 Stunden Zeit.

Die bakteriologischen Untersuchungen wurden im Institut für Infectionskrankheiten, die chemischen ebenfalls dortselbst, sowie im Nahrungsmittel-Untersuchungsamt der Landwirthschaftskammer für die Provinz Brandenburg und gleichzeitig in der Versuchsstation der Deutschen Landwirthschafts-Gesellschaft ausgeführt. Dadurch wurde die grösstmögliche Sicherheit in Bezug auf die Richtigkeit der Analysen gewährleistet. Die Prüfung auf Ammoniak, Salpeter- und salpetrige Säure wurde an Ort und Stelle in einem für diesen Zweck hergerichteten Raume vorgenommen.

Die Anlage sollte zugleich zu orientirenden Vorversuchen über die zweckmässigste Construction eines grösseren Filterbaues dienen, welchen die Stadt Charlottenburg auf ihrem Rieselfelde Carolinenhöhe bei Gatow zu errichten beabsichtigte. Für diesen Zweck handelte es sich nicht darum, eine grössere Reihe von einheitlichen Versuchen in einer bestimmten Richtung auszuführen, sondern vielmehr um die Anstellung einzelner möglichst verschiedenartiger Untersuchungen über alle hauptsächlich in Frage kommenden Punkte. Daraus erklärt sich die vielleicht auffallende Mannigfaltigkeit und der Wechsel der einzelnen Versuchsanordnungen.

Vor dem Beginn der Versuche im August 1898 wurden die Filter
zunächst mehrere Male mit reinem Wasser von bekannter Zusammensetzung beschickt, um erstens der Cementmauerung erhöhte Festigkeit
und Dichtigkeit zu verleihen, zweitens das Füllmaterial von allen entfernbaren Verunreinigungen zu befreien und drittens demselben eine feste
Lagerung zu geben. Dadurch sind möglicherweise Bestandtheile mit
ausgelaugt worden, welche, wie z. B. Kalk, für die Regeneration und
überhaupt für die Wirksamkeit der Filter von Bedeutung sein konnten.
Aber es war zur Beurtheilung der Brauchbarkeit derselben unbedingt
nöthig, einen stabilen Zustand in der physikalischen und chemischen
Zusammensetzung des Füllmaterials zu erzielen.

Nachdem eine genügende Constanz erreicht war, wurde mit den
eigentlichen Versuchen begonnen.

Erster Versuch mit Filter I.

Filter I war bis zu einer Höhe von 131 cm in Schichten von je
13 cm von unten nach oben gefüllt mit auf die hohe Kante gelegten
Mauersteinen, dann Schmelzcoks von Faust-, Steinschlag- (6 cm),
Walnuss-, Haselnuss- und Erbsengrösse. Darauf folgte eine ebenso
starke Schicht Kies von Linsengrösse und schliesslich 40 cm Grudecoks.

Zwischen den unten gelegten Mauersteinen waren Zwischenräume
gelassen, um dem filtrirten Wasser leichteren Abfluss zu ermöglichen.

Die Versuche sollten sich hauptsächlich auf die Entfernung der
löslichen Bestandtheile erstrecken. Ausserdem galt es, da durch das
Rohabwasser eine Verschlammung der Filter verursacht werden konnte,
dasselbe, bevor es auf die Filter kam, von gröberen ungelösten Bestandtheilen zu befreien.

Hierzu schien ein von Hermann Riensch in Uerdingen am Rhein
zum Zwecke mechanischer Klärung erdachter Sedimentirapparate von
folgender Construction geeignet.

In ein oben cylindrisches, nach unten zu kegelförmig sich verjüngendes Gefäss, welches durch ein Rohr mit einem neben ihm angebrachten Cylinder von geringerem Durchmesser communicirt, ist
eine Anzahl von conischen Schirmen eingefügt, die mit ihren spitzen
Enden an einem in der Mitte des Gefässes angebrachten Rohre befestigt sind. Dieses Rohr ist jedesmal zwischen 2 Schirmen ein oder

mehrere Male durchbohrt, sodass das zu klärende Wasser zwischen je 2 Schirmen hindurch in dasselbe fliessen kann. Der Apparat soll folgendermaassen wirken:

Das Rohabwasser wird durch ein Rohr so in das Gefäss geleitet, dass es seinen Weg aufsteigend zwischen den einzelnen Schirmen hindurch in das mittlere Rohr nehmen muss. Die suspendirten Theile sollen sich auf diese Weise auf den schrägen Flächen der Schirme ablagern und allmählich in den unteren Theil des Apparates herabfallen. Wenn sich dort eine bestimmte Menge derselben angesammelt hat, wird ein Ventil geöffnet, und der niedergeschlagene Schlamm durch den Druck des darüber stehenden Wassers in einen mit dem Hauptgefäss communicirenden Cylinder befördert. Nachdem das Ventil wieder geschlossen ist, wird der Cylinder durch einen Schieber entleert.

Der Apparat wurde so in die Anlage eingeschaltet, dass das Abwasser denselben passiren musste, bevor es auf das Filter kam. Seine Wirkung, welche sich naturgemäss nur auf die Entfernung der suspendirten Stoffe erstrecken konnte, war aber so gering (vergl. Tab. I), dass er nach Beendigung des Versuches wieder ausgeschaltet wurde.

Statt dessen wurde in dem Eingangs erwähnten Holzkasten ein herausnehmbarer Ueberlaufstutzen angebracht, welcher es gestattete, die nach dem Absitzen des Abwassers zu Boden gesunkenen Schwebestoffe zurückzuhalten.

Eine Verminderung der Keimzahl war nach dem Passiren des Abwassers durch den Riensch'schen Apparat nicht festzustellen, sie blieb vielmehr so hoch, dass trotz der angewendeten äusserst geringen Aussaat auf gewöhnliche Gelatine dieselbe bei allen Proben verflüssigt wurde. Der 1 stündige Aufenthalt im Filter bewirkte eine erhebliche Zunahme von Keimen, und erst während des 24 stündigen Aufenthaltes ist eine Abnahme zu bemerken gewesen. Jedoch war dieselbe immerhin eine so geringe, dass die Anzahl der Keime im Endeffect immer noch das Doppelte von der im Rohabwasser gefundenen Anzahl und zwar auch der koliartigen Bakterien betrug. Diese relative Verminderung ist wohl lediglich auf die Sedimentation des Abwassers im Filter während der 24 Stunden zurückzuführen.

Das chemische mit dem Sedimentirapparat in keinem Zusammenhang stehende Ergebniss war besser. Die Menge des Gesammtstickstoffs war nach einstündigem Stehen im Filter um 36 pCt., die des Ammoniakstickstoffs um 33 pCt., der Verbrauch an Sauerstoff („Oxydirbarkeit bezw. organische Substanz") um 58 pCt. zurückgegangen. Diese Abnahme vergrösserte sich bei 24 stündigem Aufenthalt im Filter beim Gesammtstickstoff um 16 pCt., beim Ammoniakstickstoff um 12 pCt., beim Sauerstoffverbrauch um 19 pCt., sodass die Gesammtabnahme beim Gesammtstickstoff 52 pCt., beim Ammoniakstickstoff 45 pCt., beim Sauerstoffverbrauch 77 pCt. betrug.

Der organische Stickstoff war bis auf gering zu bezeichnende Reste verschwunden. Trübung und schwacher Geruch waren dem Wasser geblieben.

Zweiter Versuch mit Filter 1.

Der Effect dieses Versuches war kein grosser (vergl. Tab. II.). Die Veränderungen zwischen geklärtem und ungeklärtem Abwasser waren nach 2 Stunden bis auf den 56 pCt. betragenden Unterschied im Sauerstoffverbrauch verhältnissmässig gering, und auch nach 24-stündigem Stehen war der Gesammtstickstoff und Ammoniakstickstoff nur um 29 pCt. verringert. Der Sauerstoffverbrauch hatte noch um 18 pCt., also im ganzen um 74 pCt., nachgelassen.

Bacteriologisch ist zu diesem Versuche zu bemerken, dass von den 3 entnommenen Proben wiederum 2 auf einfachen Gelatineplatten durch die übermässig grosse Anzahl von Keimen verflüssigt waren, sodass auch hier nur aus den auf Jodkali-Kartoffelgelatine gewachsenen Bacterien ein allgemeiner Schluss auf die Wirkung der einzelnen Abtheile gezogen werden kann. Nach 2stündigem Stehen im Filter fand gegenüber dem Rohabwasser eine Abnahme der koliartigen Bacterien statt, welche sich nach 24 stündigem Aufenthalt noch vergrösserte, sodass der Einfluss der Sedimentation wiederum deutlich zu Tage trat. Immerhin war die Abnahme der Fäcalbacterien nicht eine derartige, dass sie practisch gegebenen Falles ohne weiteres zum Unterlassen einer etwa gebotenen Desinfection eines derartig geklärten Abwassers berechtigen könnte.

Da dieser Versuch ergab, dass die Wirkung des Filters nachliess, wurde versucht, dieselbe durch eine vierwöchentliche Ruhe wiederherzustellen. Dabei bot sich die Gelegenheit, zu erforschen, inwieweit eine solche Regenerationspause zur Nitratbildung im Filter Veranlassung geben würde. Deshalb wurde ein

Zwischenversuch über die Salpeterbildung im Filter I angestellt. Mittags, gleich nach dem Füllen mit Wasserleitungswasser, wurde Probe I (vergl. Tab. III) und am nächsten Tage um dieselbe Zeit Probe II genommen. Daran schloss sich sofort die zweite Füllung und 2 Tage später vormittags 9 Uhr die Entnahme der Probe III.

Der Zwischenversuch zeigte zweifellos, dass die Ruhepause für die Nitrification im Filter von hoher Bedeutung gewesen war, und dass eine lebhafte Oxydation des Stickstoffes stattgefunden hatte. Von dem vorhanden gewesenen Gesammtstickstoff waren in Probe I 88 pCt., in Probe II 94 pCt. und in Probe III 86 pCt. in Salpeterstickstoff verwandelt, und das Ammoniak war schliesslich bis auf Spuren verschwunden.

Probe I war klar, die andern beiden zeigten aber schwache Trübung und nach längerem Stehen bräunlichen Bodensatz.

Durch die erzielte Uebereinstimmung zwischen den Resultaten der bisher in den genannten Instituten nebeneinander ausgeführten Analysen war der Beweis erbracht, dass die betheiligten Analytiker auf einander gut eingearbeitet und die gegenseitige Controle nunmehr entbehrlich war. Deshalb wurde jetzt Filter I dem Nahrungsmittel-Untersuchungsamt, Filter II der Versuchsstation der Deutschen Landwirthschafts-Gesellschaft und Filter III dem Institut für Infectionskrankheiten zur alleinigen Prüfung zugewiesen. Letztere Anstalt erledigte gleichzeitig wie bisher die bacteriologischen Arbeiten für alle drei Filter.

Dritter Versuch mit Filter I.

Bei diesem Versuche wurde das Rohabwasser durch halbstündiges Sedimentiren vorgeklärt. Das Ergebniss nach 2 Stunden (vergl. Tab. IV) war wesentlich günstiger als die früheren, da der Gesammtstickstoff, ebenso wie der Ammoniakstickstoff um 81 pCt., der Verbrauch an Sauerstoff um 84 pCt. abgenommen, und nur geringe Mengen organischer, speciell stickstoffhaltiger Substanzen zurückgeblieben waren. Dagegen hatte nach 24 Stunden keine weitere Abnahme stattgefunden, auch war die Nitratbildung wieder zurückgegangen.

Der Versuch ergab demnach, wie der vorhergehende, dass der 24stündige Aufenthalt des Abwassers im Filter gegenüber dem zweistündigen bezüglich des chemischen Reinigungseffectes nicht von Belang gewesen ist. Die beim ersten Versuch gemachte entgegengesetzte

Beobachtung (vergl. S. 266) lässt darauf schliessen, dass ein unge-
brauchtes Filter sich anders verhält, als ein gebrauchtes (eingearbeites),
ein Schluss, auf welchen auch die späteren Versuche führen.

Der bacteriologische Erfolg war insofern nicht ungünstig, als die
Keimzahl sowohl im allgemeinen, als auch im speciellen die der Koli-
arten um etwa 90 pCt. abnahm. Auch hier zeigte sich nach 24 stündigem Stehen im Filter ein unwesentlicher Unterschied gegen das
2 stündige Stehen, indem nach 24 Stunden nur eine geringe Zunahme
sämmtlicher Keime zu constatiren war. Immerhin aber ist ihre absolute Menge noch so beträchtlich, dass eine Infectionsgefahr durch
das geklärte Abwässer nicht auszuschliessen ist.

Vierter Versuch mit Filter 1.

Um die Wirkung des Vorfaulens auf die Reinigungsfähigkeit des
Abwassers zu prüfen, wurde das Rohabwasser 24 Stunden in dem
hölzernen Kasten offen stehen gelassen.

Es ergab sich (vergl. Tab. V) zwischen dem gefaulten und nicht-
gefaulten Abwasser überhaupt kein Unterschied. Dagegen muss der
schon nach einstündigem Stehen im Filter erzielte Reinigungseffect
als ein guter bezeichnet werden. Er bestand in einer Abnahme des
Gesammtstickstoffs um 76 pCt., des Ammoniakstickstoffs und des
Sauerstoffverbrauchs um 87 pCt. Das geklärte Wasser enthielt nur
noch unbedeutende Mengen fäulnissfähiger Stoffe, die sich, wie beim
vorigen Versuch, nach 24 stündiger Filtrationsdauer nicht mehr weiter
verringerten.

Fünfter Versuch mit Filter I.

Dieser Versuch wurde angestellt, um die Leistungsfähigkeit
der Filter bei möglichster Abkürzung der Filtrationsdauer zu erproben. Zu dem Zwecke wurde morgens 8 Uhr Rohabwasser, welches
1 Stunde gestanden hatte, durch das Filter gelassen, ohne in demselben stehen zu bleiben. Füllung und Ablauf waren um 1 Uhr
mittags beendigt. Dieselbe Manipulation wurde von 1 Uhr mittags
bis 5 Uhr abends wiederholt.

Die Resultate sind bezüglich der Abnahme des Stickstoffs und
Sauerstoffverbrauchs keine gleichmässigen. Während bei der ersten
Füllung der Stickstoff fast gar nicht, der Sauerstoffverbrauch dagegen
um 55 pCt. abgenommen hat (vergl. Tab. VI), beträgt bei der Nach-
mittagsfüllung die Verringerung des Gesammtstickstoffs 44 pCt., des

Ammoniakstickstoffs 58 pCt., des Sauerstoffverbrauchs 71 pCt. Dieses ungleiche Ergebniss lässt sich aber leicht daraus erklären, dass das Rohabwasser vom Vormittage im Gehalt an Gesammtstickstoff um 44 pCt. verdünnter war, als dasjenige vom Nachmittage. Bezüglich der noch vorgefundenen nicht unbeträchtlichen Mengen von fäulnissfähigen Stoffen unterscheiden sich die beiden Füllungen gar nicht. In Folge der stärkeren Concentration war das geklärte Nachmittagsabwasser auch trüber, als dasjenige vom Vormittage. Ausserdem ging es nach 2 Tagen in stinkende Fäulniss über, was bei demjenigen vom Vormittage nicht der Fall war. Diese Erscheinung ist wohl darauf zurückzuführen, dass bei dem stark concentrirten Abwasser suspendirte, fäulnissfähige Bestandtheile mit durch die Filter gerissen sind.

Sechster Versuch mit Filter I.

Es war beabsichtigt, den Betrieb auf 3 Füllungen zu steigern, aber das Filter war bei dem vorhergehenden Versuche derartig verschlammt, dass das 8 Uhr morgens eingelassene Rohabwasser, welches ebenfalls eine Stunde gestanden hatte, erst in der nächsten Nacht vollständig ablief. Deshalb wurde die Holzwolleschicht weggenommen und die oberste Coksschicht durchgeharkt. Das dann auf das Filter gelassene, wie oben vorbehandelte Rohabwasser gebrauchte nur eine Stunde und 40 Minuten zum Durchlaufen. Nachdem die Holzwolle gereinigt, getrocknet und gesiebt war, wurde sie lose wieder auf das Filter gelegt und jetzt, von 7 Uhr abends an, 22 Stunden lang continuirlich Abwasser durch das Filter geschickt.

Das Ergebniss der ersten Füllung (vergl. Tab. VII) war günstig, da vom Gesammtstickstoff 72 pCt., vom Ammoniakstickstoff 86 pCt. und von der organischen Substanz 61 pCt. weniger gefunden wurden, als im betreffenden Rohabwasser; die Beschaffenheit des geklärten Wassers war eine befriedigende. Das Ergebniss der nächsten Füllung blieb mit einem Verlust von nur 47 pC. beim Gesammtstickstoff, 57 pCt. beim Ammoniakstickstoff und 44 pCt. beim Sauerstoffverbrauch erheblich hinter dem ersten zurück. Das Wasser war trübe und ging in stinkende Fäulniss über. Noch schlechter war der Effect des 22 stündigen Betriebes, bei welchem der Gesammtstickstoff nur um 19 pCt., der Ammoniakstickstoff gar nicht und der Sauerstoffverbrauch um 32 pCt. zurückgegangen war. Mit der trüben, rothbraunen Farbe, die das geklärte Wasser aufwies, war ihm auch der Geruch nach Fäkalien geblieben. Zu diesem Ergebniss ist allerdings zu bemerken, dass die Probenahme erst nach 15 stündigem Laufen des Filters begann, so dass der Schluss zulässig erscheint, dass eine längere continuirliche Betriebsdauer stark erschöpfend auf die Filter wirken kann.

Sehr beachtenswerth ist, dass trotz der zwischen 6 und 10° C unter Null schwankenden Temperatur keine Störung des Betriebes eintrat.

Siebenter Versuch mit Filter I.

Um zu sehen, ob der Nitrificationsvorgang durch das Einleiten von Luft in das entleerte Filter beschleunigt wird, wurde dasselbe in der üblichen Weise gefüllt und nach 23 stündigem Stehen wieder entleert. Darauf wurde mittels einer auf der Pumpstation betriebenen Druckpumpe 2 Stunden lang Luft in das Filter gedrückt und am Morgen des nächsten Tages eine nochmalige Füllung vorgenommen.

In seinem ersten Theile beweist der Versuch, dass der 24 stündige Aufenthalt des Rohabwassers im Filter nicht nur keinen Vortheil, sondern unter Umständen Nachtheile bietet. In dem Wasser trat während des Stehens im Filter — vielleicht unter dem Einfluss der sehr hohen Aussentemperatur — nachträglich Fäulniss auf. Der Gesammtstickstoff, der gleich zu Anfang um 59 pCt. geschwunden war (vergl. Tab. VIII), nahm nicht nennenswerth mehr ab, und der Ammoniakstickstoff, welcher gleich zu Anfang um die bedeutende Menge von 92 pCt. gesunken war, nahm nach 2 stündigem Stehen um 100 pCt. und nach 24 stündigem um noch 157 pCt., also um im ganzen 257 pCt. zu. Dementsprechend ging die bei Beginn des Betriebes stark aufgetretene Nitratbildung nach 2 Stunden um 39 pCt. und nach 24 Stunden um noch 62 pCt., d. h. bis auf Spuren zurück. Der bei Beginn 77 pCt. betragende Verlust an organischer Substanz blieb annähernd constant.

Durch die zweistündige Einwirkung von Luft auf das Filter wurde in einem dem obigen ganz ähnlichen Rohabwasser der gewünschte Effect erzielt. Der Gesammtstickstoff verringerte sich um 62 pCt., der Ammoniakstickstoff um 82 pCt. und der Nitratstickstoff nahm um 1300 pCt. zu.

Achter Versuch mit Filter I.

Das günstige Ergebniss des vorigen Versuches bezüglich der Salpeterbildung durch die Zufuhr von Luft gab Veranlassung, denselben zu wiederholen und gleichzeitig einen solchen mit noch längerer

Lufteinleitung daran zu schliessen. Das Nähere ergiebt sich aus Tab. IX. Nach 3 stündiger Lüftung ist der Gehalt an Salpetersäure in einem Falle fast um das Doppelte gestiegen, im andern hat er allerdings nicht zugenommen. Dagegen ist die Bildung von salpetriger Säure in beiden Fällen zu beobachten gewesen. Nach 24 stündiger Lüftung war der Erfolg sowohl bezüglich der Nitrat- als der Nitritbildung am besten. Das Rohwasser war in allen Fällen von Nitraten und Nitriten frei.

Daraus ergiebt sich, dass künstliche Luftzufuhr für die Nitrificirung und die damit zusammenhängende Regenerirung der Filter von grosser Bedeutung ist.

Gesammtergebniss der Versuche mit Filter I.

Ein für alle Fälle zufriedenstellender bacteriologischer Reinheitsgrad ist mit dem Filter I nicht erzielt worden. Dagegen war die chemische Wirkung bezüglich der Abnahme des Stickstoffs und des Verbrauchs an Sauerstoff befriedigend, zuweilen sogar gut. Die Salpeterbildung ist nur in denjenigen Fällen, wo Luft in das Filter geleitet wurde, eine nennenswerthe gewesen.

Die suspendirten Bestandtheile wurden so reichlich zurückgehalten, dass das Filter bei forcirtem Betriebe für weitere Abwassermengen undurchlässig wurde. Nach tiefem Durchharken der obersten Schicht und Reinigung der Holzwolle, deren Verschmutzung zur raschen Abnahme der Aufnahmefähigkeit des Filters beigetragen hatte, trat wieder normale Durchlässigkeit ein.

Für eine erfolgreiche Klärung scheint 2 stündiger Aufenthalt des Abwassers im Filter zu genügen. 12- oder 24 stündiges Stehenlassen des Rohabwassers im offenen Kasten vor dem Auflassen auf die Filter hat den Reinheitsgrad des geklärten Abwassers nicht erhöht.

Eine Aussentemperatur von $6°—10° C.$ unter Null störte die Betriebsfähigkeit der Anlage nicht.

Erster Versuch mit Filter II.

Die Füllung dieses Filters bestand von unten nach oben bis zu derselben Höhe wie bei Filter I aus je 13 cm dicken Schichten von hochkantig gelegten Mauersteinen, Granit von Faust- und Steinschlaggrösse, Kies von Walnuss-, Haselnuss-, Erbsen- und Linsengrösse und schliesslich einer 40 cm betragenden Schicht von feinem gewaschenem Kies.

Die Wirkung des Filters auf die löslichen Bestandtheile (vergl. Tab. X) war während der ersten 2 Stunden beim Gesammt- und Ammoniakstickstoff nur eine mässige, indem von ersterem 33 pCt., von letzterem 42 pCt. entfernt wurden. Noch ungünstiger war die Abnahme des Sauerstoffverbrauchs mit nur 12 pCt. Ein 24 stündiger Aufenthalt des Abwassers im Filter hatte nur noch eine Wirkung von 9 pCt. bei Gesammtstickstoff, 6 pCt. bei Ammoniakstickstoff und 7 pCt. beim Verbrauch an Sauerstoff. Insgesammt war demnach der Gesammtstickstoff um 42 pCt., der Ammoniakstickstoff um 48 pCt. und der Sauerstoffverbrauch um 19 pCt. zurückgegangen. In dem trübe gebliebenen Abwasser waren noch erhebliche Mengen von Stickstoffverbindungen und besonders von organischer Substanz enthalten.

Bacteriologisch zeigte auch dieser Versuch eine Abnahme sämmtlicher Arten nach 2 stündigem Stehen im Filter und eine erhebliche Zunahme derselben nach 24 stündigem Stehen.

Zweiter Versuch mit Filter II.

Wenn sich die früher (vergl. S. 142) mit dem gebrauchten gegenüber dem ungebrauchten Filter gemachte Beobachtung auch bei diesem Filter bestätigte, dann musste der Erfolg dieses Versuches ein besserer sein. Diese Vermuthung erwies sich aber hier als nicht zutreffend; denn der Reinigungseffect war, trotzdem das Filter eine fast 9 wöchentliche Regenerationspause hinter sich hatte, schlechter als der des vorigen Versuches (vergl. Tab. XI).

Die Abnahme betrug nach 2 Stunden beim Gesammtstickstoff 15 pCt., beim Ammoniakstickstoff 32 pCt. und beim Sauerstoffverbrauch 11 pCt., nach 24 Stunden beim Gesammtstickstoff weitere 15 pCt., beim Ammoniakstickstoff 10 pCt. und beim Verbrauch an Sauerstoff 7 pCt., also im ganzen beim Gesammtstickstoff 30 pCt., beim Ammoniakstickstoff 42 pCt. und beim Sauerstoffverbrauch 18 pCt. Das Rohabwasser besass eine röthliche Färbung und wurde aussergewöhnlich rasch vom Filter aufgenommen. Die Färbung verblieb auch dem filtrirten Abwasser, welches ausserdem trübe war, schwach faulig roch und noch grosse Mengen von Stickstoff und organischer Substanz führte.

Dritter Versuch mit Filter II.

Ein gleich ungünstiges Resultat gab dieser Versuch. Das gelblich gefärbte Rohabwasser blieb im Kasten etwa 4 Stunden stehen. Die Füllung dauerte nur 55 Minuten und die erste Probe wurde nach einstündigem Stehen im Filter entnommen. Der Effect (vergl. Tab. XII) entsprach beim Gesammtstickstoff einer Abnahme von 19 pCt., beim Ammoniakstickstoff von 28 pCt. und beim Sauerstoffverbrauch von 18 pCt. Derselbe stieg nach 24 stündigem Stehen des Abwassers im Filter auf insgesammt 27 pCt. beim Gesammtstickstoff, 41 pCt. beim Ammoniakstickstoff und 24 pCt. beim Verbrauch an Sauerstoff. Das filtrirte Abwasser war ebenfalls trübe, von derselben gelblichen Farbe, wie das Rohabwasser, und ausserdem reich an organischer Substanz und an Stickstoffverbindungen.

Vierter Versuch mit Filter II.

Auch hier war der Erfolg in chemischer und bacteriologischer Hinsicht ein mangelhafter (vergl. Tab. XIII). Nach 24 Stunden hatte der Gesammtstickstoff nur um 22 pCt., der Ammoniakstickstoff gar nicht und der Verbrauch an Sauerstoff um 34 pCt. abgenommen; es waren grosse Mengen von fäulnissfähigen Bestandtheilen im geklärten Wasser noch zurückgeblieben. Letzteres war trotz der nicht verschwundenen gelblichen Färbung und des schwach fauligen Geruches jedoch nicht so trübe wie die früheren Proben. Bei dem Versuche war das Rohabwasser ohne Absitzenlassen sofort auf das Filter geleitet worden, in der Absicht, eine Schlammschicht zu erzeugen, welche eine bessere Klärung bewirken sollte. Da der beabsichtigte Zweck einigermaassen als erreicht angesehen werden konnte, so wurde versucht, eine stärkere derartige Schicht auf der Oberfläche des Filters zu bilden und deren filtrirende Wirkung zu erproben. Zu dem Zwecke wurden in einem Zeitraum von 24 Stunden etwa 100 cbm Abwasser durch das Filter fliessen gelassen. Dadurch wurde dasselbe aber so verschlammt, dass es überhaupt kein Wasser mehr durchliess. In Folge dessen musste die unter der Holzwolle angesammelte Schlammschicht wieder entfernt werden.

Fünfter Versuch mit Filter II.

Das Resultat dieses Versuches fiel ebenfalls so ungünstig aus (vergl. Tab. XIV), dass nach den mit dem Filter II gemachten Erfahrungen eine weitere Prüfung desselben eigentlich nicht mehr lohnend erschien. Da aber möglicherweise eine längere als zweistündige und kürzere als 24 stündige Aufenthaltsdauer des Abwassers im Filter doch noch von Erfolg sein konnte, so wurde ein letzter Versuch, der über diese Frage Aufschluss geben sollte, gewagt.

Sechster Versuch mit Filter II.

Das Ergebniss (vergl. Tab. XV) war das schlechteste, was überhaupt erhalten wurde. Der Gesammtstickstoff hatte erst nach 27 stündigem Stehen um 10 pCt., der Ammoniakstickstoff überhaupt nicht und der Verbrauch an Sauerstoff nur um 19 pCt. abgenommen. Die stark grüne Färbung, die das Rohabwasser besass, war geblieben und nur der Geruch, der sich während der ersten 4 Stunden beharrlich gehalten hatte, war allmälig schwächer geworden, aber nicht ganz verschwunden.

Während der Filterfüllung entwich die Luft in lebhaftem Strome nach oben. Bei dem späteren Ausräumen des Filters erwies sich die obenauf befindliche gewaschene Kiesschicht an ihrem oberen und unteren Rand auf je 4 cm von dunklen, nach der Mitte der gesammten Kiesschicht zu heller werdenden Schlammtheilchen durchsetzt, während die mittlere Lage von Schlamm freigeblieben war.

Gesammtergebniss der Versuche mit Filter II.

Es wurde weder eine chemische, noch bacteriologische Wirkung durch dieses Filtermaterial erzielt, so dass man daraus schliessen kann, dass Kies für diese Zwecke dem Coks gegenüber entschieden minderwerthig ist. Bei forcirtem Betriebe verschlammte das Filter, und es bildeten sich leicht Risse und Rinnen. Die Herstellung einer Schlammschicht auf dem Filter führte zu keiner besseren Reinigung des Abwassers.

Bei einigen Versuchen trat eine Zunahme von nichtflüchtigem (organisch gebundenem) Stickstoff ein. Da Zufälligkeiten bei der Probenahme und Analyse ausgeschlossen sind, so kann es sich hier nur um Vorgänge handeln, die noch der Aufklärung bedürfen.

Erster Versuch mit Filter III [1]).

Das Füllmaterial war in derselben Weise angeordnet, wie bei Filter I und II. Auf der Mauersteindrainage lagen in den dort angegebenen Grössen bis zu einer Höhe von 78 cm Ziegelbrocken (Klamotten), auf diesen 13 cm Kies von Linsengrösse und 40 cm feiner gewaschener Kies.

-----

1) Die Versuche mit Filter III wurden vom Oberstabsarzt a. D. Dr. Nietner in Gemeinschaft mit Prof. Proskauer vom Institut für Infectionskrankheiten ausgeführt.

Das Rohabwasser sedimentirte $\frac{1}{4}$ Stunde, bevor es auf das Filter trat. Analog dem jeweiligen ersten Versuch mit Filter I und II ergab auch hier ein 24 stündiges Stehenlassen ein besseres Resultat. Aus Tab. XVI ergiebt sich eine Abnahme des Gesammtstickstoffs um 46 pCt. nach 3 stündigem Stehen im Filter und um weitere 22 pCt. nach 24 stündigem Stehen. Ebenso verlor der Ammoniakstickstoff 55 pCt. und nachher noch 28 pCt., und der Sauerstoffverbrauch betrug nach 3 Stunden 32 pCt. und nach 24 Stunden noch 26 pCt. weniger als für das Rohabwasser.

Demnach hätte das Gesammtergebniss nach Verlauf von 24 Stunden mit einem Verlust von 68 pCt. Gesammtstickstoff, 83 pCt. Ammoniakstickstoff und 58 pCt. organischer Substanz befriedigen können, wenn der jauchige Geruch verschwunden und die stinkende Fäulniss im gereinigten Wasser nicht eingetreten wäre.

Das spurenweise Auftreten von Nitritstickstoff nach 24 Stunden ist möglicherweise darauf zurückzuführen, dass während dieser Zeit starker Gewitterregen fiel, in welchem ebenfalls Nitrit nachgewiesen wurde.

Zur Feststellung etwaiger während einer 5 tägigen Ruhepause des Filters darin stattgefundener Nitrificationsprocesse wurde es nach erwähnter Pause mit Leitungswasser gefüllt, welches nitrit- und nitratfrei war, und es wurden $\frac{1}{2}$ Stunde nach beendeter Füllung in kleinen Zwischenräumen Proben genommen, welche in verschiedener Intensität deutliche Reactionen auf Nitrat und stärkere auf Nitrit gaben.

Zweiter Versuch mit Filter III.

Hier wurde das Abwasser behufs Vorfaulens 24 Stunden im offenen Kasten stehen gelassen. Ein kleiner Erfolg war insofern zu bemerken (vergl. Tab. XVII), als der Ammoniakstickstoff darin um 12 pCt. zunahm. Trotzdem war der Reinigungseffect mit einem Verlust von 34 pCt. Gesammtstickstoff, 48 pCt. Ammoniakstickstoff und 32 pCt. organischer Substanz nach 2 Stunden kein günstiger. Obwohl letzterer nach 24 Stunden noch um 23 pCt. Gesammtstickstoff und 12 pCt. Ammoniakstickstoff zunahm, blieb doch das Endergebniss ungünstig. Auch das wirkliche Eintreten von Fäulniss während des 24 stündigen Stehens im offenen Kasten hatte also keinen nennenswerthen Einfluss auf die Reinigungsfähigkeit des Abwassers ausgeübt.

Bakteriologisch zeigt dieser Versuch eine Zunahme sämmtlicher Arten nach 24 stündigem Stehen des Rohabwassers im offenen Kasten, während das 2 stündige Stehen im Filter eine wohl wieder auf Sedimentation beruhende Abnahme sämmtlicher Bakterien bewirkte. Nach 24 stündigem Stehen im Filter übertraf dann wieder die Keimzahl diejenige des Rohabwassers nicht unbedeutend. Von einem bacteriologischen Effect kann also nicht die Rede sein.

Dritter Versuch mit Filter III.

Bei dem vorigen Versuch hatte sich während des 24 stündigen Stehens im offenen Kasten eine beträchtliche Menge Schlamm abgesetzt, ein Umstand, dessen Einfluss auf den Reinigungseffect nicht bekannt war. Bei diesem Versuch wurde deshalb das Rohabwasser nach 24 stündigem Stehen wie oben vor der Probenahme umgerührt und ohne Anwendung des Ueberlaufstutzens auf das Filter gelassen.

Entgegen der Beobachtung beim vorigen Versuch war hier keine Fäulniss zu bemerken (vergl. Tab. XVIII). Die einzigen Unterschiede in den Versuchsbedingungen waren ausser Verschiedenheit des Rohabwassers die Temperatur, die beim vorigen Versuch wesentlich höher gewesen war.

Das Ergebniss nach 2 stündigem Stehen ist mit einer Abnahme von 55 pCt. an Gesammtstickstoff, 51 pCt. an Ammoniakstickstoff, und 50 pCt. an organischer Substanz insofern als kein günstiges anzusehen, als das Abwasser den Fäkalgeruch beibehalten hatte. Ein 24 stündiges Stehenlassen hat keine weitere Wirkung mehr ausgeübt.

Bezüglich der bakteriologischen Wirkung gilt das beim vorigen Versuch Gesagte.

Vierter Versuch mit Filter III.

Mit Rücksicht auf die verschiedenen Ergebnisse des zweiten und dritten Versuches inbetreff des 24stündigen Stehens des Rohabwassers im offenen Kasten wurde nach 5 tägiger Ruhe des Filters ein vierter Versuch in derselben Anordnung wie der frühere angestellt. Fäulniss trat hierbei im Kasten nicht ein (vergl. Tab. XIX), trotzdem das Wetter schwül war.

Der Gesammtstickstoff nahm beim einfachen Durchlaufen ohne Aufenthalt um 59 pCt., der Ammoniakstickstoff um 56 pCt. und die organische Substanz um 66 pCt. ab. Dieser Effect hat sich selbst nach 9 tägigem Stehen des Abwassers im Filter nicht wesentlich mehr geändert. Der Fäkalgeruch war auch nach dieser Zeit noch vorhanden.

Gesammtergebniss der Versuche mit Filter III.

Die bacteriologische Wirkung war gering und die chemische zwar besser als beim Filter II, jedoch nicht derartig, dass sie practisch in Betracht käme. Hinsichtlich des Stehens im offenen Kasten wurde wie bei Filter I die Beobachtung gemacht, dass die Reinigungsfähigkeit des Abwassers dadurch nicht beeinflusst wurde.

Das Filter verhielt sich in frischem Zustande insofern anders, als in bereits gebrauchtem, als es im letzteren Falle die günstigste Wirkung schon nach 2 Stunden, im ersteren Falle dagegen erst nach 24 Stunden lieferte. In Uebereinstimmung mit den am Filter I. gemachten Beobachtungen wurde auch beim Filter III festgestellt, dass in den Ruhepausen gebildete Nitrite und Nitrate bei der länger als 24 Stunden andauernden Füllung mit Abwasser nach und nach reducirt wurden und schliesslich als Ammoniak in Erscheinung traten.

Schlüsse aus den Ergebnissen.

Zu nachstehenden Schlüssen wird bemerkt, dass sie nur für gleiche oder ähnliche Verhältnisse, wie die in Charlottenburg, bedingungslos zulässig sind.

Hinsichtlich der chemischen Wirkung ist die Verwendung von Kies allein zur Reinigung des Abwassers ebenso wenig zu empfehlen, wie diejenige von Kies, welcher mit Ziegelbrocken durchschichtet ist. Dagegen machen unsere Versuche es in Uebereinstimmung mit den von Dibdin, Dunbar, Schweder u. A. gemachten Erfahrungen wahrscheinlich, dass Coks von bestimmter feiner Körnung als geeignetstes Filtermaterial in erster Linie in Betracht zu ziehen sein wird.

Für den praktischen Betrieb ist ein Stehenlassen des Abwassers im Filter bis zu 2 Stunden ausreichend. In einzelnen Fällen wird zur Erzielung eines guten Effectes womöglich schon die Hälfte dieser Zeit genügen. Dagegen haben wir bei unseren Versuchen beim ununterbrochenen Durchleiten der Abwässer durch die Filter wohl eine mechanische Reinigung von gröberen Schwebestoffen, aber keine die Fäulnissfähigkeit des Abwassers hindernde Beschaffenheit erreicht.

Es ist für den intermittirenden Dauerbetrieb der Filter erforderlich, das Abwasser durch mechanische Vorklärung von gröberen suspendirten Theilchen thunlichst zu befreien, ehe es auf die Filter kommt.

Dagegen ist der Filtration voraufgehendes 24 stündiges Stehenlassen des Rohabwassers in offenem Kasten, sofern dadurch eine Fäulniss erzielt werden soll, für die Klärfähigkeit desselben nicht von Bedeutung.

Die Befürchtung, dass Kälte den Betrieb stören könnte, scheint für Temperaturen bis zu 10°C. unter Null nicht berechtigt. Die Eigenwärme des aus der Leitung kommenden Abwassers genügt, um das Filter frostfrei zu halten.

Für die Wiederbelebung der Filter ist ihr Gehalt an Luft von Bedeutung. Deshalb ist eine luftabschliessende Bedeckung derselben zu vermeiden, und die Anbringung von Vorrichtungen, durch welche Luft in die Filter gedrückt werden kann, zweckentsprechend und empfehlenswerth.

Bezeichnung der Proben	Zeit der Entnahme	Abdampf-	Glüh-		Gesammt-	Ammoniak-
		rückstand		verlust	S t i c k -	

Tabelle I. Erster Versuch

Bezeichnung der Proben	Zeit der Entnahme	Abdampf-rückstand	Glüh-rückstand	Glüh-verlust	Gesammt-Stick-	Ammoniak-Stick-
Rohabwasser vor dem Sandfang	28. Septbr. 1898	1890	1518	372	115	78
Rohabwasser nach dem Sandfang	„ „ „	1243	902	341	113	88
Abwasser nach dem Rienschschen Apparat	„ „ „	1255	921	334	107	84
Abwasser nach 1 stündigem Stehen im Filter . . .	„ „ „	1223	954	269	69	56
Abwasser nach 24 stündigem Stehen im Filter . . .	29. „ „	1069	860	209	52	46

Tabelle II. Zweiter Versuch

Bezeichnung der Proben	Zeit der Entnahme	Abdampf-rückstand	Glüh-rückstand	Glüh-verlust	Gesammt-Stick-	Ammoniak-Stick-
Rohabwasser	4. Octbr. 1898	1393	1023	370	92	82
Abwasser nach 2 stündigem Stehen im Filter . . .	„ „ „	1298	983	315	80	67
Abwasser nach 24 stündigem Stehen im Filter . . .	5. „ „	1233	1032	201	65	58

Tabelle III. Zwischenversuch über die

Bezeichnung der Proben	Zeit der Entnahme	Abdampf-rückstand	Glüh-rückstand	Glüh-verlust	Gesammt-Stick-	Ammoniak-Stick-
Wasserleitungswasser. . .	4. Novbr. 1898	278	—	—	0	0
Probe I aus dem Filter. .	„ „ „	1491	—	—	24	2
Probe II aus dem Filter .	5 „ „	1123	—	—	17	1
Probe III aus dem Filter .	7. „ „	518	—	—	7	Spuren

Die gut übereinstimmenden bacteriologischen Ergebnisse lassen sich dahin zusammenfassen, dass für den bacteriologischen Effect das Füllmaterial nicht von erheblicher Bedeutung ist. Nach 2 stündigem Stehen im Filter zeigt sich die relativ grösste Abnahme aller Arten von Bacterien, so dass auch hier dieser Zeitraum dem 24 stündigen Stehen praktisch vorzuziehen sein wird. Die Abnahme ist jedoch niemals so gross, dass die in dem gereinigten Abwasser übrig bleibende Anzahl der Keime einem nennenswerthen Effect in epidemiologischer Beziehung gleichkäme. Vielmehr werden beim Einleiten in Flussläufe erforderlichen Falles, je nach den Umständen des Einzelfalles, gleiche Vorsichtsmaassregeln am Platze sein, wie bei den nur durch Sedimentirung gereinigten Abwässern.

| 1 Liter | | | 1 l nimmt Sauerstoff auf | 1 ccm enthält entwicklungsfähige Keime | | Aeussere Beschaffenheit und |
| Nitrat- | Nitrit- | Organischer | | auf gewöhnlicher Gelatine | auf Jodkalium-Kartoffelgelatine | Bemerkungen |
stoff			mg			
mit Filter I.						
fehlt	fehlt	37	156	verflüssigt	150000	—
„	„	25	128	„	180000	—
„	„	23	121	„	240000	—
„	„	13	51	„	460000	Nach 1 tägigem Stehen an der Luft schwacher Geruch. Trübe und nicht frei von
„	„	6	28	„	210000	Geruch.
mit Filter I.						
fehlt	fehlt	10	112	verflüssigt	750000	—
Spuren	„	13	49	1260000	576000	—
fehlt	„	7	29	verflüssigt	390000	—
Salpeterbildung im Filter I.						
0	0	0	—	—	—	—
21	Spuren	1	—	—	—	Klar.
16	„	0	—	—	—	Schwach getrübt, nach längerem Stehen bräunlicher Bodensatz.
6	„	1	—	—	—	Desgleichen.

Bezeichnung der Proben	Zeit der Entnahme	Abdampf-	Glüh-		Gesammt-	Ammoniak-
		rückstand	rückstand	verlust	Stick-	Stick-
Tabelle IV.						**Dritter Versuch**
Rohabwasser	14. Decbr. 1898	1385	966	419	86	73
Abwasser nach 2 stündigem Stehen im Filter . . .	„ „ „	1275	905	370	16	14
Abwasser nach 24 stündigen Stehen im Filter . . .	15. „ „	1288	1044	244	21	14
Tabelle V.						**Vierter Versuch**
Rohabwasser	9. Febr. 1899	808	378	430	53	39
Rohabwasser nach 24 stündigem Stehen im Kasten	10. „ „	882	450	432	55	39
Geklärtes Abwasser nach 1 stündigem Stehen im Filter	„ „ „	984	754	230	13	5
Gcklärtes Abwasser nach 24 stündigem Stehen im Filter	11. „ „	878	712	166	14	6
Tabelle VI.						**Fünfter Versuch**
Rohabwasser	3. März 1899 Vormittags	872	576	296	48	37
Geklärtes Abwasser . . .	desgl.	900	698	202	41	33
Rohabwasser	3. März 1899 Nachmittags	1394	920	474	85	74
Geklärtes Abwasser . . .	desgl.	1037	788	249	48	31
Tabelle VII.						**Sechster Versuch**
Rohabwasser	14. März 1899	1187	784	403	78	71
Geklärtes Abwasser . . .	„ „ „	1100	625	475	22	10
Rohabwasser	16. „ „	1373	1054	319	104	77
Geklärtes Abwasser . . .	„ „ „	1334	1028	306	55	33
Rohabwasser	25. „ „	1208	684	524	96	71
Geklärtes Abwasser . . .	„ „ „	1504	760	744	78	70

1 Liter			1 l nimmt Sauerstoff auf mg	1 ccm enthält entwicklungsfähige Keime		Aeussere Beschaffenheit und Bemerkungen
Nitrat-	Nitrit-	Organischer		auf gewöhnlicher Gelatine	auf Jodkalium-Kartoffelgelatine	
s t o f f						
mit Filter I.						
0	0	13	145	2700000	210000	—
2	vorhanden	0	23	225000	10000	Klar und geruchlos, nach längerem Stehen keine Anzeichen von stinkender Fäulniss.
Spuren	„	7	24	242000	27000	Desgleichen.
mit Filter I.						
2	vorhanden	12	87	—	—	Infolge mehrtägigen Regens dünn.
2	„	14	91	—	—	Dünn.
1	„	7	12	—	—	Trüb, geruchlos, nach längerem Stehen keine Anzeichen von stinkender Fäulniss.
4	„	4	14	—	—	Desgleichen.
mit Filter I.						
0	0	11	42	—	—	—
6	vorhanden	2	19	—	—	Trüb, geruchlos, nachträglich keine stinkende Fäulniss.
Spuren	0	11	86	—	—	—
8	vorhanden	9	25	—	—	Trüber als Vormittags, nach 2 Tagen Eintreten stinkender Fäulniss.
mit Filter 1.						
0	0	7	64	—	—	
8	vorhanden	4	25	—	—	Ziemlich klar, geruchlos, nachträglich keine stinkende Fäulniss.
0	Spuren	27	112	—	—	—
3	vorhanden	19	63	—	—	Trübe, geruchlos, nachträglich stinkende Fäulniss.
0	0	25	89	—	—	Sehr concentrirt.
Spuren	—	8	61	—	—	Sehr trübe, rothbraun, Geruch nach Fäkalien.

Bezeichnung der Proben	Zeit der Entnahme	Abdampf-	Glüh-		Gesammt-	Ammo-niak-
		rückstand		verlust		Stick-
Tabelle VIII.					Siebenter Versuch	
Rohabwasser	11. Juli 1899	—	—	—	96	82
Abwasser am Anfang der Filterfüllung entnommen	„ „ „	—	—	—	39	7
Abwasser nach 2 stündigem Stehen im Filter . . .	„ „ „	—	—	—	39	14
Abwasser nach 24 stündigem Stehen im Filter . . .	12. „ „	—	—	—	32	25
Rohabwasser	13. „ „	—	—	—	89	77
Abwasser nach 2 stündigem Stehen im Filter . . .	„ „ „	—	—	—	34	14
Tabelle IX.					Achter Versuch	
Abwasser vor der Lüftung .	7. Septbr. 1899	—	—	—	—	—
Abwasser nach 3 stündiger Lüftung	„ „ „	—	—	—	—	—
Abwasser vor der Lüftung .	11. „ „	—	—	—	—	—
Abwasser nach 3 stündiger Lüftung	„ „ „	—	—	—	—	—
Abwasser nach 24 stündiger Lüftung	12. „ „	—	—	—	—	—
Tabelle X.					Erster Versuch	
Rohabwasser	15. December 1898	1189	892	297	88	71
Abwasser nach 2 stündigem Stehen im Filter . . .	„ „ „	1210	914	296	59	41
Abwasser nach 24 stündigem Stehen im Filter . . .	16. „ „	1225	964	261	51	37
Tabelle XI.					Zweiter Versuch	
Rohabwasser	20. Februar 1899	1200	913	287	112	97
Abwasser nach 2 stündigem Stehen im Filter . . .	„ „ „	1183	909	274	95	66
Abwasser nach 24 stündigem Stehen im Filter . . .	21. „ „	1192	956	236	78	56
Tabelle XII.					Dritter Versuch	
Rohabwasser	22. Februar 1899	1567	1186	381	110	93
Abwasser nach 1 stündigem Stehen im Filter . . .	„ „ „	1485	1146	339	89	67
Abwasser nach 24 stündigem Stehen im Filter . . .	23. „ „	1462	1170	292	80	55

| 1 Liter | | | 1 l nimmt Sauerstoff auf | 1 ccm enthält entwicklungsfähige Keime | | Aeussere Beschaffenheit und Bemerkungen |
| Nitrat- | Nitrit- | Organischer | | auf gewöhnlicher Gelatine | auf Jodkalium-Kartoffelgelatine | |
s t o f f			mg			
mit Filter I.						
0	0	14	60	—	—	—
26	vorhanden	6	14	—	—	Nach etwa 24 Stunden nachgefault.
16	„	9	19	—	—	Desgleichen.
Spuren	„	7	18	—	—	Nach wenigen Stunden nachgefault.
0	0	12	59	—	—	
13	vorhanden	7	18	—	—	—
mit Filter I.						
5	Spuren	—	—	—	—	—
14	„	—	—	—	—	—
12	„	—	—	—	—	—
10	„	—	—	—	—	—
26	„	—	—	—	—	—
mit Filter II.						
4	0	13	137	3000000	840000	—
4	vorhanden	14	120	810000	115000	Trübe.
3	„	11	110	verflüssigt	585000	Desgleichen.
mit Filter II.						
0	0	15	150	—	—	Röthlich.
vorhanden	vorhanden	29	133	—	—	Röthlich, trübe.
„	„	22	123	—	—	Desgleichen.
mit Filter II.						
vorhanden	vorhanden	17	152	—	—	Gelblich.
„	„	22	125	—	—	Gelblich, trübe.
„	0	25	115	—	—	Desgleichen.

Bezeichnung der Proben	Zeit der Entnahme	Abdampf-	Glüh-		Gesammt-	Ammo-niak- mg in
		rückstand	verlust			Stick-
Tabelle XIII.						Vierter Versuch
Rohabwasser	27. Februar 1899	2027	1554	473	112	70
Abwasser nach 24stündigem Stehen im Filter . . .	28. „ „	1919	1585	334	87	72
Tabelle XIV.						Fünfter Versuch
Rohabwasser	27. März 1899	1153	881	272	100	83
Abwasser nach 24stündigem Stehen im Filter . . .	28. „ „	1158	941	217	80	67
Tabelle XV.						Sechster Versuch
Rohabwasser	11. April 1899	1075	891	184	67	53
Abwasser nach 2stündigem Stehen im Filter . . .	„ „ „	1047	873	174	68	55
Abwasser nach 4stündigem Stehen im Filter . . .	„ „ „	1073	860	213	68	56
Abwasser nach 6stündigem Stehen im Filter . . .	„ „ „	1109	803	306	71	57
Abwasser nach 8stündigem Stehen im Filter . . .	„ „ „	1079	863	216	69	55
Abwasser nach 27stündigem Stehen im Filter . . .	12. „ „	1064	880	184	60	55
Tabelle XVI.						Erster Versuch
Rohabwasser	9. Mai 1899	1088	858	230	85	53
Abwasser nach 3stündigem Stehen im Filter . . .	„ „ „	1073	838	235	46	24
Abwasser nach 24stündigem Stehen im Filter . . .	10. „ „	1100	900	200	27	9
Tabelle XVII.						Zweiter Versuch
Rohabwasser	30. Mai 1899	1593	1175	418	103	61
Rohabwasser nach 24stündigem Stehen im Kasten .	31. „ „	1558	1258	300	100	73
Abwasser nach 2stündigem Stehen im Filter . . .	„ „ „	1460	1240	220	66	38
Abwasser nach 24stündigem Stehen im Filter . . .	1. Juni 1899	1458	1280	178	43	29

[1] Anmerkung: Bei den Versuchen mit Filter III ist unter „Gesammtstickstoff“ nicht der in

1 Liter			1 l nimmt Sauerstoff auf mg	1 ccm enthält entwicklungsfähige Keime		Aeussere Beschaffenheit und Bemerkungen
Nitrat-	Nitrit-	Organischer		auf gewöhnlicher Gelatine	auf Jodkalium-Kartoffelgelatine	
s t o f f						
mit Filter II.						
5	vorhanden	37	152	1496250	32500	Stark roth.
3	„	12	101	1620000	31900	Gelblich, wenig trübe.
mit Filter II.						
0	Spuren	17	114	—	—	—
0	0	13	84	—	—	—
mit Filter II.						
vorhanden	0	14	94	—	—	Stark grün.
„	vorhanden	13	83	—	—	Stark grün, trübe, ziemlich starker Geruch.
„	0	12	86	—	—	Desgleichen.
„	0	14	88	—	—	Stark grün, trübe, schwacher Geruch.
„	0	14	86	—	—	Desgleichen.
0	0	5	76	—	—	Desgleichen.
mit Filter III.¹)						
0	0	32	110	—	—	—
0	0	22	75	—	—	Neutral, röthlich, opalisirend, fast geruchlos, Eintreten stinkender Fäulniss.
0	Spuren	18	47	—	—	Ganz schwach alkalisch, röthlich opalisirend, Geruch jauchig.
mit Filter III.						
0	0	42	125	1365000	437100	Dick, braun, alkalisch.
0	0	27	79	4680700	959000	Etwas heller, reichliche Schlammbildung, alkalisch.
Spuren	Spuren	28	54	3500000	792750	Stark opalisirend, leichter Fäkalgeruch, alkalisch.
0	0	14	44	2730000	1573400	Opalisirend, Fäkalgeruch, schwach alkalisch.

...orm von Nitraten und Nitriten vorhandene zu verstehen.

Bezeichnung der Proben	Zeit der Entnahme	Abdampf-	Glüh-		Gesammt-	Ammoniak-
		rückstand		verlust	S t i c k-	
Tabelle XVIII.					Dritter Versuch	
Rohabwasser	12. Juni 1899	1493	1145	348	120	87
Rohabwasser nach 24stündigem Stehen im Kasten	13. „ „	1593	1193	400	118	90
Abwasser nach 2stündigem Stehen im Filter . . .	„ „ „	1490	1138	352	53	44
Abwasser nach 24stündigem Stehen im Filter . . .	14. „ „	1485	1263	222	56	43
Tabelle XIX.					Vierter Versuch	
Rohabwasser	19. Juni 1899	1305	808	497	125	86
Rohabwasser nach 24stündigem Stehen im Kasten	20. „ „	1268	828	440	120	93
Abwasser am Anfang der Filterfüllung entnommen	„ „ „	1220	930	290	49	41
Abwasser nach 2stündigem Stehen im Filter . . .	„ „ „	1208	1003	205	43	32
Abwasser nach 24stündigem Stehen im Filter . . .	21. „ „	1165	963	202	39	31
Abwasser nach 9tägigem Stehen im Filter . . .	30. „ „	825	540	285	36	29

1 Liter			1 l nimmt Sauerstoff auf mg	1 ccm enthält entwicklungsfähige Keime		Aeussere Beschaffenheit und Bemerkungen
Nitrat-	Nitrit-	Organischer		auf gewöhnlicher Gelatine	auf Jodkalium-Kartoffelgelatine	
stoff						
mit Filter III.						
0	0	33	118	3276000	879000	Dick, braun, schwach alkalisch.
0	0	28	99	4230000	1540000	Dick, braun, alkalisch.
vorhanden anfangs	vorhanden anfangs	9	50	1505000	252000	Gelblich opalisirend, Fäkalgeruch, schwach alkalisch.
vorhanden	vorhanden	13	52	2080000	847000	Etwas heller, Fäkalgeruch, alkalisch.
mit Filter III.						
0	0	39	128	—	—	Dunkelfarbig, stinkend, alkalisch.
0	0	27	114	—	—	Desgleichen.
vorhanden	vorhanden	8	39	—	—	Gelblich, opalisirend, Fäkalgeruch, alkalisch.
„	„	11	41	—	—	Gelblich, opalisirend, Fäkalgeruch, schwach alkalisch.
„	„	8	59	—	—	Desgleichen.
0	0	7	40	—	—	Gelblich, wenig opalisirend, stinkend, stark alkalisch.

7.

Bericht über den Abbruch der Gross-Lichterfelder Versuchs-Reinigungsanlage für städtische Spüljauche und die hierbei gemachten Beobachtungen.[1]

Erstattet von

Dr. Schmidtmann,
Geheimer Ober-Medicinal-Rath.

Professor **Proskauer,**
Mitgl. d. Instituts für Infectionskrankheiten.

Stooff,
Baurath im Cultusministerium.

Zu dem nach vorheriger Vereinbarung auf den 8. October 1898 festgesetzten Abbruch der bei Gross-Lichterfelde betriebenen Schweder-schen Versuchskläranlage hatten sich ausser den Berichterstattern einige Herren der Medicinal-Abtheilung des Kriegs-Ministeriums und der Gemeindebaurath von Gross-Lichterfelde eingefunden. Der Besitzer der Anlage, Ingenieur Schweder, war anwesend. Hinsichtlich der baulichen Anlage und Einrichtung wird auf die früheren Mit-theilungen[2] Bezug genommen, da wesentliche Aenderungen nicht ein-getreten sind.

Es wurde zunächst das Dach des Schlammfanges und des Faul-raumes an 2 Stellen aufgebrochen. Dabei zeigte sich, dass das den Raum überspannende Drahtnetz, auf welchem Torfmull lagerte, an einigen Stellen durchbrochen und das hier lagernde Torfmull in den Raum hinabgefallen war. Die ganze Oberfläche des Schlammfanges wie des Faulraumes war mit einer Schlammschicht von dichter Be-schaffenheit bedeckt. An mehreren Stellen gemessen, ergab sich eine Stärke von 52—60 cm. Darauf wurde die zur Seite des Faulraumes

---

1) Mit Genehmigung des Herrn Ministers veröffentlicht.
2) Vierteljahrsschr. f. ger. Med. u. öff. San. 1898. Suppl. S. 99 ff.

liegende, frühere Lüftungseinrichtung, welche späterhin die Function eines Vorfilters ausübte, an der vorderen Seite geöffnet. Die hier befindlichen Steinbrocken und groben Kiesmassen zeigten sich von einer schmierigen schwarzen Schlammschicht überzogen. Die demnächst an mehreren Stellen vorgenommenen Aufgrabungen der aus mehrfachen Kies- und Cokeskleinschichten bestehenden Filterbetten ergaben nur in den obersten Schichten Schlammabsatz, in den tieferen dagegen ein normales Aussehen mit muffigem, erdigem, aber keineswegs jauchigem Geruch.

Es wurde nunmehr die Jauche aus dem Schlammfange oder Vorraume, soweit dies bei der Anlage möglich war, durch das Zuflussrohr rückläufig zu einem Absitzbassin abgelassen, der Faulraum an der hinteren Seite oberhalb der Sohle geöffnet und die abfliessende Jauche durch eine Rinne nach einem Sammelteich geleitet, der zu diesem Zwecke vorher trocken gelegt war.

Die weiteren Ermittelungen geschahen am folgenden Tage, nachdem die Jauche vollständig abgeflossen war und die Schlammmassen sich gesetzt hatten. Die Stärke der in dem Vor- und Faulraum, sowie in der Ablaufrinne und dem Sammelteich vorhandenen Schlammrückstände von breiiger Beschaffenheit wurde an mehreren Stellen ermittelt und daraus ein mittleres Maass festgestellt. Als Bestand an Schlammrückständen ergab sich dabei Folgendes:

I. Innen:
im Schlammfang und Faulraum
$$6,0 . 6,0 . 0,37 = 13,32 \text{ cbm}$$

II. Aussen:
1. in der Rinne vom Faulraum zum Sammelteich $= 21,0 . 0,35 . 0,15 = \quad 1,10$ „
2. im Sammelteich $= 15,0 . 2,50 . 0,15 = \quad 5,63$ „
3. im Abzugsgraben eine dünne Schlammschicht von 4 mm Stärke, rd. $= \quad 0,25$ „

zusammen 20,30 cbm

also rund $= 20,0$ cbm.

Der Fassungsraum des Schlammfanges und Faulraumes betrug $6,0 . 6,0 . 2,50 = 90$ cbm.

Zur chemischen Untersuchung wurden Proben von Schlamm sowohl aus dem Schlammfang und dem sogenannten Faulraum, als auch aus der Lüftungsvorrichtung und dem Oxydationskörper (Cokesfilter) entnommen. Da die Sinkstoffe und die Schwebestoffe aus dem Schlammfang und Faulraum getrennt gesammelt waren, und zwar die ersteren in dem Absitzbassin des benachbarten Rieselfeldes, die letzteren in dem vor der Anlage befindlichen Sammelteiche, der zu diesem Zwecke vorher trocken gelegt war, so war es möglich, die Sink- und Schwebestoffe aus diesen beiden Theilen der Kläranlage gesondert der chemischen Analyse zu unterwerfen.

Das Steinmaterial der Lüftungsvorrichtung war, wie vorher angegeben, mit einer dunklen Schlammkruste umhüllt, welche auch zum Theil die Zwischenräume des Füllmaterials ausfüllte. Die durch Abspülung mittelst Wassers erhaltene Schlammmenge liess nur die Ausführung der Stickstoffbestimmung zu, weil das gewonnene Material zu einer vollständigen Analyse nicht ausreichte.

Wie oben erwähnt, war nur in den obersten Cokes- und Kiesschichten des Oxydationskörpers Schlamm wahrnehmbar. Diese Wahrnehmung wurde auch durch den Versuch bestätigt, mittelst Wasser-Abschlemmens des Füllmaterials die Anwesenheit von zurückgehaltenen Schlammtheilen festzustellen. Nur aus den obersten Cokes- und Kiesschichten wurden messbare Quantitäten von Abwasserschlamm erhalten, während durch Abschlemmen der mittleren und unteren Schichten messbare Mengen von Schlamm nicht mehr zu gewinnen waren.

Die von den oberen Schichten (bis 40 cm Tiefe) auf diese Weise abgetrennten Schlammkrusten betrugen nach der ersten Behandlung mit Wasser ca. 33 pCt. des gesammten Volumens der zu dem Versuche verwendeten Massen. Durch wiederholtes Abschlemmen gelang es, fein vertheilte Cokespartikelchen, die sich in dem so gewonnenen Schlamm noch befanden, nach und nach möglichst zu entfernen, so dass schliesslich fast reiner Abwasserschlamm zurückblieb. Die Menge desselben betrug ungefähr $1/5$ des Volumens des ursprünglichen Ausgangsmaterials (also ca. 20 Volumenprocent).

Die Analysen, welche mit den aus dem Schlammfang und Faulraum stammenden Schlammproben angestellt wurden, erstreckten sich auf den Wassergehalt, die Trockensubstanz, den Glühverlust (organische Stoffe), den Glührückstand (Mineralsubstanzen), den Gesammtstickstoff, sowie auf die in Aether löslichen Stoffe (Fettstoffe).

Es sei dabei bemerkt, dass der zur Untersuchung bestimmte Schlamm nicht von einer einzigen Stelle des Sammelbehälters bezw. Abzugsgrabens herstammte, sondern von mehreren Stellen dieser

Sammelvorrichtungen und dass mit einem Spaten bis auf die Sohle abgehobener Schlamm als Untersuchungsmaterial entnommen wurde. Die zusammengehörenden Proben wurden dann gemischt und auf diese Weise Durchschnittsproben hergestellt.

Die mit solchen Durchschnittsproben erhaltenen Ergebnisse waren folgende:

I. **Schlamm aus dem Schlammfang:**
    Wassergehalt 89,5 pCt.,
    Trockensubstanz 10,5 pCt.
    Die Trockensubstanz enthielt:
        50,9 pCt. Mineralstoffe (Glührückstand),
        49,1 „ organische Stoffe (Glühverlust),
        2,59 „ Gesammt-Stickstoff,
        6,8 „ Aetherlösliches (Fettstoffe).

II. **Schlamm aus dem Faulraum:**
    Wassergehalt 88,9 pCt.,
    Trockensubstanz 11,1 pCt.
    Die Trockensubstanz enthielt:
        48,6 pCt. Mineralstoffe (Glührückstand),
        51,4 „ organische Stoffe (Glühverlust),
        2,61 „ Gesammt-Stickstoff,
        7,3 „ Aetherlösliches (Fettstoffe).

III. Der aus der **obersten Filterschicht** durch Abschlemmen gewonnene und bei ca. 120° getrocknete Schlamm lieferte:
        53,8 pCt. Mineralstoffe (Glührückstand),
        46,2 „ organische Stoffe (Glühverlust),
        1,8 „ Gesammt-Stickstoff,
        5,8 „ Aetherlösliches (Fettstoffe).

IV. Die aus dem **Füllmaterial des Lüftungsschachtes** abgeschlemmte, bei ca. 120° getrocknete Masse enthielt:
        2,7 pCt. Gesammt-Stickstoff.

Nitrate und Nitrite waren nur in den untersuchten Schlammproben aus dem Filter und zwar in eben nachweisbaren Spuren vorhanden.

Was die Beschaffenheit der untersuchten Schlammproben anlangt, so sei noch Folgendes bemerkt. Während die aus der Anlage (Schlammfang und Faulraum) abfliessenden Schlammmassen dünnflüssig waren, zeigten die in den Sammelvorrichtungen theilweise entwässerten Massen eine ziemlich dickflüssige (breiige) Consistenz. Bestimmungen des Gehaltes an Wasser und festen Stoffen in den aus dem Faulraum direkt abfliessenden dünnen Schlammmassen, welche in graduirten Cylindern zum Absetzen bei Seite gestellt wurden, zeigten, dass der Wassergehalt dieser Massen 93—95 Vol.-pCt., der Gehalt der abgesetzten festen Stoffe 5—7 Vol.-pCt. ausmachte.

Diese Zahlen stimmen mit denjenigen nahezu überein, welche man bei der Ermittelung des Wassergehaltes von einem durch blosse Sedimentirung städtischer Abwasser erhaltenen oder aus chemischen Kläranlagen herstammenden Schlamm festgestellt hat.

Soweit aus den Befunden der chemischen Analyse und namentlich aus denjenigen für den Gehalt an Stickstoffverbindungen ein Schluss auf die Zusammensetzung bezw. Beschaffenheit des in der Anlage zurückgebliebenen Schlammes gezogen werden kann, so würde derselbe dahin lauten, dass sich der Schlamm nur sehr wenig von solchen Rückständen unterscheidet, welche bei der mechanischen Klärung (also ohne Chemikalienzusatz) städtischer Abwässer erhalten zu werden pflegen. So ist nach Heft XI der Arbeiten der Deutschen Landwirthschafts-Gesellschaft in dem bei 100° getrockneten Niederschlage aus Berliner Spüljauche rd. 3 pCt. Stickstoff und in 6 Proben durch Abschlämmen gewonnener Sinkstoffe aus Wiener Abwässern 2,6—3,6 pCt. Stickstoff enthalten. Der Klärschlamm aus den Sedimentirbecken der Anlage in Frankfurt a. M., welcher durch blosses Absetzen gewonnen wurde, enthielt nach Lepsius in der Trockensubstanz 1,67—3,36 pCt. Stickstoff, darunter 1,41—3,11 pCt. Stickstoff in organischer Bindung.

Nach eigenen Untersuchungen des mitunterzeichneten Professors Proskauer, welche derselbe vor mehreren Jahren mit dem durch blosses Absetzen erhaltenen frischen Schlamme der Potsdamer Canalwässer anstellte, fanden sich in demselben 2,7—3,5 pCt. Stickstoff (auf Trockensubstanz berechnet).

Man wird daher wohl keinen Fehlschluss thun, wenn man behauptet, dass in der Versuchsanlage zu Gr. Lichterfelde ein Schlamm zurückgeblieben war, der sich von frischem Schlamm städtischer Abwässer fast gar nicht unterschied. Von einer Mineralisirung desselben, wie ursprünglich von betheiligter Seite vorausgesetzt wurde, kann daher in diesem Falle nicht die Rede sein.

Dieser Befund stimmt mit Beobachtungen aus der Praxis überein. So z. B. werden von den in Senkgruben abgelagerten organischen

Stoffen, welche sich gewissermaassen unter ähnlichen, ja sogar gleichen Verhältnissen befinden, wie die Canalwässer in dem Faulraum der sogen. biologischen Kläranlage, ebenfalls nur diejenigen zersetzt, welche äusserst leicht faulbare Stoffe, wie Eiweisskörper u. dgl. vorstellen. Ueber das Verhalten der in städtischen Abwässern vorhandenen unlöslichen organischen Substanzen beim Aufenthalt in Sammelbehältern liefert der Sammelbrunnen der Rummelsburger Kläranlage einen interessanten Beitrag. Derselbe musste alle 10 Tage von den angesammelten Schlammmassen gereinigt werden; eine wahrnehmbare Verzehrung der festen, ungelösten Stoffe durch biologische Processe trat in diesem Behälter selbst bei der höchsten Sommertemperatur nicht ein. Ein anderes Beispiel über die Wirkung sogen. Faulräume auf den Schlamm bilden die Absitzbassins, welche auf den Charlottenburger Rieselfeldern errichtet sind. Hier setzt sich der Schlamm theils am Boden als dünnflüssige Masse, theils als eine dichte, auf der Oberfläche des Abwassers schwimmende Kruste von 10—20 cm Dicke ab. Dieselbe schliesst das Wasser so dicht von der atmosphärischen Luft ab, dass hier die besten Bedingungen für den Eintritt der anaëroben Fäulniss gegeben sind, welche letztere im Faulraum der biologischen Kläranlagen nach der von Manchem vertretenen Anschauung angestrebt wird. Aber es tritt anscheinend keine merkbare Verzehrung des Schlammes in grösserem Maassstabe auf, trotzdem man beim Durchstechen der schwimmenden Kruste lebhafte Entwickelung von Gasen von dem Boden der Absitzbehälter her wahrnehmen kann, welche als Beweis dafür aufgefasst werden muss, dass biologische, unter Gasentwickelung sich vollziehende Processe in den Charlottenburger Absitzbehältern in der That sich abspielen. Die aufsteigenden Gase haften an den festen Partikeln des Abwassers, machen sie specifisch leichter, als das Schmutzwasser, und verursachen dadurch, dass sich ein Theil des Schlammes nach der Oberfläche zu bewegt und so die Menge der Schwimmstoffe vermehrt.

Nach den Erfahrungen über die Fäulniss und Gährung organischer Stoffe wird man übrigens nur dann eine Aufzehrung der Schlammbestandtheile anzunehmen haben, wenn dieselben durch enzymatische und dergl. Vorgänge vorher gelöst worden sind. Man ist bis jetzt noch vollständig im Unklaren, wie sich nach dieser Richtung hin die ungelösten Stoffe städtischer Abwässer verhalten. Dass in der Lichterfelder Versuchsanlage die Schlammmassen während des Betriebes nicht in so augenfälliger Weise in die Erscheinung getreten sind, wie man sich dies von vornherein vorstellte, erklärt sich wohl daraus, dass „die in den Versuchsanlagen verarbeitete (Berliner) Spüljauche eine an Detriten relativ arme"[1]) war. (Schweder, Gesundheit 1899, No. 7). Diese Ansicht stimmt auch mit dem allerdings sehr spärlich vorliegenden Analysenmaterial über Berliner Canalwasser aus Druckrohren überein, wonach in den suspendirten Bestandtheilen von 1 l Abwasser aus dem Sputendorfer Druckrohr, welchem die in der Lichterfelder Versuchsanlage zu klärende Jauche bekanntlich entnommen wurde, ca. 571 mg Trockenrückstand, d. s. rd. 0,6 kg im cbm gefunden wurden.

Derartige günstige Verhältnisse liegen nicht immer vor. Die Canalwässer anderer Städte besitzen vielfach einen erheblich höheren Gehalt an festen Stoffen, wie u. a. die Untersuchungen der Canalwässer von Tempelhof ergeben haben. Hier schwankt der Gehalt der festen Schlammstoffe als Trockensubstanz zwischen 600—1800 mg im Liter. Diesem hohen Gehalte entsprechend hat bei der nach dem „Schweder'schen Principe" construirten Kläranlage in Tempelhof sich eine erheblich grössere und raschere Ansammlung von Schlamm bemerkbar gemacht. Die in dem dortigen sogen. Faulraum zur Absetzung gelangenden Stoffe betrugen bis zu 30 Vol. pCt. des Abwassers (und enthielten in der Trockensubstanz 2,39 pCt. Stickstoff); sie mussten bereits während der ca. halbjährigen Betriebsdauer 2 mal beseitigt werden.

Ausser dem Gehalte der Abwässer an Schlammstoffen ist für die Beurtheilung der gefundenen absoluten Masse des Schlammes noch in Betracht zu ziehen die Menge der Abwässer, welche die Anlage passirt hat. In dieser Hinsicht bestehen, wie bereits in der einleitenden Besprechung (cfr. Supplement 1898 der Vierteljahrsschrift für gerichtliche Medicin und öffentliches Sanitätswesen) hervorgehoben ist, erhebliche Meinungsverschiedenheiten zwischen dem Besitzer der Anlage[2]) und der Commission, so dass die gefundene Zahl mit absoluter Sicherheit weder für noch gegen die Schlammverzehrung in dem Faulraum verwendet werden könnte.

---

1) Ein sehr grosser Theil der in diesem Abwasser enthaltenen Sink- und Schwimmstoffe wird nämlich in dem Sand- und Schlammfang der Pumpstation bereits abgefangen.

2) Anmerkung: Schweder (Gesundheit, 1899, No. 7, S. 7) rechnet, dass 35—36000 cbm Abwasser während der Betriebsdauer von 488 Tagen, also rund 76 cbm pro Tag durch die Anlage gegangen sind.

Wollte man eine Deutung suchen, so könnte dies versucht werden durch Vergleich mit den Beobachtungen an anderen schwemmkanalisirten Orten über Schlammabsetzung bei der Sedimentirung im Klärbecken oder mit einer Berechnung, welche auf die durchgeflossene Menge und den Trockenrückstand der suspendirten Bestandtheile gegründet werden könnte. Bei den so zu gewinnenden Zahlen würde die Schlammmenge als verhältnissmässig gering erscheinen. Wir glauben diesen Weg der möglichen Berechnung bei ähnlichen Anlagen nur andeuten zu sollen, versagen uns aber an dieser Stelle bestimmte Zahlen zu liefern, da diese Methoden eine Anwendung auf den vorliegenden Fall doch nicht gestatten, weil weder die durchgeflossene Menge, noch deren Gehalt an Schlammbestandtheilen, der jedenfalls selbst innerhalb der einzelnen Tageszeiten grossen Schwankungen unterliegt, und die sonstigen zu berücksichtigenden Umstände, wie sie sich aus der besonderen Art dieser baulichen Anlage und des Betriebes ergaben, mit der nothwendigen Sicherheit übersehen werden konnten. Namentlich war es bei der Construction der Anlage nicht möglich, die allmähliche Anhäufung des Schlammes zu controliren, da nur der sogen. Schlammfang besichtigt werden konnte, und die genaue Besichtigung auch dieses Raumes während des Betriebes war wegen seiner Construction mit Schwierigkeiten verknüpft.

Die Möglichkeit, für ein Abwasser von bestimmter Concentration und Menge in zeitlicher Begrenzung einen Raum zu schaffen, in welchem dasselbe seinen Schlamm ohne Belästigung der Umgebung absetzt, ist jedenfalls durch den Betrieb der Versuchsanlage erwiesen. Für abgeschlossene Anstalten, Krankenhäuser, Kasernen, Barackenlager pp. kann es zweckdienlich sein, sich dieser Erfahrung zu erinnern.

8.

Rückblick auf den Stand der Städte-Assanirung im verflossenen Jahr, insbesondere der Abwässer-Reinigung, und Ausblick in die voraussichtliche Weiterentwickelung.

Von

Geh. Ober-Med.-Rath Dr. **Schmidtmann.**

Die freundliche Aufnahme, welche die einleitende Besprechung zu der im Supplementheft der Vierteljahrsschrift für gerichtliche Medicin und öffentliches Sanitätswesen, Herbst 1898, veröffentlichten Sammlung von Gutachten, betreffend Städtecanalisation und neue Verfahren für Abwässerreinigung, gefunden hat, ermuthigt mich, auch die vorstehend dargebotenen Arbeiten mit einigen Worten zu begleiten, durch welche die beachtenswerthesten Ermittelungen zusammenfassend hervorgehoben und zugleich die Stellung der Aufsichtsbehörden zu den wichtigen Tagesfragen, ihre Bestrebungen und Absichten zur Förderung derselben ersichtlich gemacht werden, soweit dies im Rahmen solcher Veröffentlichung zulässig ist.

Die prophylaktische Bedeutung, welche der Schaffung einer hygienisch einwandfreien Wasserzuführung und Abwässerbeseitigung zukommt, wird mehr und mehr erkannt, wie die zahlreichen Projecte von Anlagen für centrale Wasserversorgung und Canalisation grösserer und mittlerer Städte beweisen, welche im Laufe des letzten Jahres in der Centralinstanz zur Genehmigung vorgelegen haben. Die äusseren Verhältnisse zur Durchführung derartiger hygienischer Einrichtungen sind allerdings weniger günstig als vor Jahresfrist. In dem damals flüssigen Geldstand ist eine Versteifung von nicht erkennbarer Dauer eingetreten, der niedrige Zins hat einem höheren weichen müssen, die Materialien sind empfindlich gestiegen und bei hohem Preise so rar, dass der Materialmangel an einzelnen Stellen die

Fertigstellung der Canalisationen verzögern und hindern konnte. So erfreulich diese Gestaltung von dem Standpunkte ist, von dem wir in dem Blühen und der überreichen Beschäftigung der Industrie eine gute Zeit unserer nationalen Entwicklung sehen, so ist andererseits doch die Befürchtung nicht abzuweisen, dass solche städtische Einrichtungen vertagt oder aufgegeben werden, welche wie Wasserleitung und Canalisation in der breiten Masse der städtischen Bevölkerung und ihrer Berather zwar als nützlich und wünschenswerth, aber doch nur von einer kleinen Zahl einsichtiger Bürger als nothwendig und dringlich erachtet werden. Wir haben deshalb allen Grund, von ärztlicher Seite gerade in der gegenwärtigen Zeit immer aufs Neue darauf hinzuweisen, dass eine gute Wasserversorgung und geordnete Beseitigung der Schmutzstoffe die unerlässliche Voraussetzung für eine günstige gesundheitliche, culturelle und wirthschaftliche Entwicklung volkreicher Gemeinwesen ist. Durch derartige Einrichtungen wird fürsorgend Krankheit, Schmutz und Armuth sicherer vermieden, als durch noch so streng gehandhabte polizeiliche Vorschriften über Anzeigepflicht und Desinfectionszwang, über Reinhaltung von Strassen und Höfen und die üblichen Maassnahmen zur Unterstützung der Armen und Bekämpfung der Armuth.

Die Beispiele für die Schädigungen, welche durch Vernachlässigung dieser Zweige der allgemeinen Gesundheitspflege entstehen können, sind zahlreich; ich erinnere nur an die Cholerazeit 1892 in Hamburg, die Typhusepidemie in Lüneburg[1]) 1895, in Beuthen 1896 und als jüngstes Menetekel 1899 die Epidemie in Löbtau[2]). Als ein solches wird an den verantwortlichen Stellen auch die durch Zeitungsnachrichten bekannt gewordene Verunreinigung des Berliner Leitungswassers aus dem Müggelsee beachtet werden müssen. Dieser Vorgang ist von besonderer Bedeutung auch insofern, als hiermit aufs Neue die Aufmerksamkeit darauf hingelenkt wird, dass bei der Versorgung mit Oberflächenwasser nicht bloss der bakteriologische Reinheitsgrad in Betracht kommt, sondern dass auch anderweite Verunreinigungen zu berücksichtigen sind, die das Gebrauchswasser ungeniessbar oder selbst gesundheitsschädlich machen und durch die

---

1) Klin. Jahrbuch. Bd. VII. Prof. Pfeiffer, Typhusepidemien und Trinkwasser. Referirt Vierteljahrsschr. f. ger. Med. u. öff. Sanitätswesen. 1899. Heft 2. S. 390/91.

2) Zeitschrift für Hygiene u. Infectionskrankheiten. Bd. 32. Heft 3. S. 344. Dr. Hesse, Die Typhusepidemie in Löbtau im Jahre 1899.

Filter nicht zurückgehalten werden. Das ist besonders wichtig zu einer Zeit, in welcher der Versorgung mit Oberflächenwasser eine wirkungsvolle Unterstützung nach der bakteriologischen, vielleicht auch nach der chemischen Seite hin durch die Verwendung des Ozons zur Sterilisation des Wassers in Aussicht zu stehen scheint. Nach den Versuchsergebnissen an der sehr interessanten Ozonanlage der Firma Siemens u. Halske in Charlottenburg gelang es, mit 1 bis 2 g activem Ozon 1 cbm Wasser zu sterilisiren. Bei den Versuchen wurde Spreewasser verwandt, dessen Keimgehalt zwischen 84400 und 3094 Keimen schwankte. Die Kosten sind auf 0,7—1 Pf. für die Sterilisation eines Cubikmeters Wasser berechnet.

Diese Versuche stehen im Einklange mit gleichen, in grösserem Maassstabe ausgeführten Versuchen von Calmette, Roux u. A.[1]).

Die Nothwendigkeit der hygienisch unanfechtbaren Beschaffenheit der Entnahmestellen für centrale Wasserversorgung ist in dem Erlasse der Herren Minister für Medicinalangelegenheiten und des Innern vom 24. August 1899 hervorgehoben, die dauernde sanitätspolizeiliche Beaufsichtigung für die bestehenden Anlagen angeordnet und bei Neuanlagen die vorgängige hygienische Begutachtung gefordert.

Die angeführten Beispiele von Schädigungen zeigen zugleich den Circulus vitiosus, der zwischen Wasserversorgung und den Schmutzstoffen eintreten kann.

Die vollkommene Assanirung einer Stadt erfordert deshalb aller Orten neben der Fürsorge für ein einwandfreies Trink- und Gebrauchswasser die ordnungsmässige Beseitigung der Abwässer aller Art und der sonstigen Schmutzstoffe.

Die gegenseitige Abhängigkeit der für die grossen Communen wichtigsten hygienischen Factoren, Wasserleitung und Canalisation, tritt auch darin hervor, dass die Schaffung der ersten auch die planmässige Ableitung der mit dem leichteren Wasserbezug sich vermehrenden Schmutzwässer erforderlich macht und dass die hygienisch und ästhetisch gleich hoch zu schätzende Einrichtung von Spülclosets in grösserem Umfange trotz Wasserleitung sich nur da vollziehen kann, wo der Anschluss der Aborte an ein geordnetes Canalsystem ausführbar ist.

---

1) Sur la stérilisation industrielle des eaux potables par l'Ozone au moyen des appareils et procédés de MM. Marmier et Abraham — Rapport présenté à la Municipalité de Lille par la Commission scientifique designée par l'Administration municipale. Dr. Calmette, rapporteur de la Commission. Février 1899. Lille.

Die wirthschaftliche Bedeutung der erwähnten Anlagen kann an der Hand der allgemeinen Sterblichkeitsziffer, sowie insbesondere der Typhusmortalität unschwer nachgewiesen werden und ist in den Fachschriften eingehend dargelegt. Abgesehen von den ärztlichen Kreisen hat dieselbe an anderen Stellen, die es angeht, wie u. A. bei den communalen Behörden, vielfach noch nicht die verdiente Würdigung erfahren. Es möge mir deshalb gestattet sein, auf die Gefahr hin, den Fachgenossen Bekanntes zu sagen, der Vollständigkeit halber hier einige zahlenmässige Angaben über Mortalität und Typhussterblichkeit auszüglich anzuführen.

In Berlin nahm nach Anschluss von 96 pCt. aller bebauten Grundstücke an die Canalisation die Sterblichkeitsziffer um mehr als 5 pM. ab, in Danzig sank dieselbe von 37 pM. in den Jahren 1863 bis 1871 nach Einführung der centralen Wasserversorgung auf 28,6 pM. in den Jahren 1873—1887.[1]

Nach den fachwissenschaftlichen Veröffentlichungen[2] ist in 22 untersuchten deutschen Städten ein Einfluss der Canalisation auf die Typhushäufigkeit unverkennbar, indem

a) die höchsten Typhussterblichkeitszahlen den Städten ohne Canalisation zugehören;

b) an den mittelgrossen Zahlen die nicht canalisirten Städte mehr betheiligt sind als die canalisirten;

c) bei den niedrigsten Zahlen die canalisirten Städte weitaus am meisten betheiligt sind.

In Wiesbaden stellte sich die Typhussterblichkeit in fünfjährigen Mitteln:

1866—1870 auf 0,90 pM.,
1881—1885 „ 0,21 „

in Frankfurt a. M.:

1871—1875 auf 0,673 pM.,
1891—1894 „ 0,047 „

---

1) Büsing, Die Städtereinigung. 2. Kapitel. Städtereinigung. Stuttgart 1897.

2) Baron, Der Einfluss von Wasserleitungen und Tiefcanalisation auf die Typhusbewegung in deutschen Städten, im Centralblatt f. allg. Gesundheitspflege. 1886. — Soyka, Untersuchungen zur Canalisation. München 1857. — Hüppe, Ueber Typhus und Canalisation. Journ. f. Gasbeleucht. und Wasserversorgung. 1887. — Weyl, Die Einwirkung hygienischer Werke auf die Gesundheit der Städte. Jena 1893.

In 24 englischen Stä6ten weist die der Canalisation voraufgehende Periode die Typhusziffer von 1,32, die nachfolgende die Ziffer von 0,80 auf.

Nach den statistischen Feststellungen entfallen auf 1 Sterbefall mindestens 30 Erkrankungsfälle und jeder Krankheitsfall beansprucht durchschnittlich 20 Verpflegungstage. Wird für den einzelnen Tag der Aufwand für Unterhalt, Pflege und Heilung mit 2 Mark in Rechnung gestellt[1]), so wird mit jedem Sterbefall eine Ausgabe von $600 \times 2 = 1200$ Mark ausgedrückt, die sich als Gewinn für die Commune bei Vermeidung des Sterbefalles darstellt.

Bei einer Einwohnerzahl von 50 000 und Verringerung der Mortalität um 10 pM. würde die Ersparniss 600 000 Mark bezw. 12 Mark auf den Kopf der Bevölkerung betragen.

Diese rechnerisch nachweisbaren Ersparnisse kommen nicht nur der Commune und den einzelnen Mitgliedern derselben zu Gute, sondern sie werden auch in merkbarer Weise bei den öffentlichen und privaten Wohlfahrtseinrichtungen, insbesondere den in Folge der sozialpolitischen Gesetzgebung geschaffenen Krankenkassen und Invaliditäts- und Altersversicherungsanstalten in Erscheinung treten, die Armenlasten und die Steuerausfälle vermindern.

Die Vortheile der ordnungsmässigen Entwässerung treten bisweilen auch schon in kleinen Verhältnissen merkbar hervor; so wurde z. B. von einem Fabrikbesitzer in Münden a. W. beobachtet, dass die Krankheiten unter seinen Arbeitern erheblich seltener und die Ansprüche an die Krankenkasse sehr viel geringere geworden waren, seitdem die von den Arbeitern bewohnte Strasse ordnungsmässig kanalisirt worden war.

Es ist zu hoffen, dass derartige Erfahrungen die communalen Verwaltungen bestimmen werden, sich für Schaffung von einwandfreiem Wasser und planmässiger Entwässerung zu entscheiden, selbst wenn bei der zeitigen Gestaltung der Verhältnisse erhöhte finanzielle Opfer gebracht werden müssen.

Neben und bei den finanziellen Erwägungen liegt der Schwer-

---

1) Es kommen nach der Statistik der Krankenversicherung im Jahre 1897 (Statistik des Deutschen Reiches, Neue Folge, Bd. 121, S. 57) nach dem Durchschnitt sämmtlicher deutschen Krankenkassen Krankheitskosten auf 1 Krankheitstag 2,34 M. (2,30 M. im Jahre 1896), auf 1 Erkrankungsfall 40,64 M. (39,70 M. im Vorjahre 1896), auf 1 Erkrankungsfall 17,4 Krankheitstage (17,2 im Vorjahre).

punkt nach wie vor in der Lösung der Frage nach der besten und vortheilhaftesten Reinigung der Abwässer.

In anerkennenswerther Weise haben einzelne Städte den ihnen gewiesenen Weg beschritten, die Wahl des für ihre Abwässer zweckmässigsten Verfahrens durch vorgängige Untersuchungen zu ermitteln und auch bei bestehenden Anlagen den Betrieb sachgemäss zu controliren. Mehr und mehr dringt die Erkenntniss, dass ein solches Verfahren zweckdienlich sei, in die Kreise der städtischen Baubeamten und anderer technischen Berather ein und sind dieselben bestrebt, ihr Wissen durch Inaugenscheinnahme der bestehenden Anlagen zu erweitern und zu eigenem Nutz und Frommen mitzuarbeiten an den zu lösenden Aufgaben. Als Frucht derartigen Strebens werden die vorstehenden Veröffentlichungen betreffend die Versuche über mechanische Klärung der Abwässer der Stadt Hannover und die Schmutzwasser-Reinigungsanlage der Stadt Cassel geboten. Beide Anlagen sind Repräsentanten für die mechanische Reinigung der Abwässer in Becken. Das wirksame Princip ist dabei die Geschwindigkeitsverlangsamung durch die Erweiterung des Querschnittes; der Effekt würde, eine stets gleichmässige Zusammensetzung der Abwässer vorausgesetzt, nach theoretischer Ueberlegung in gradem Verhältnisse zu der eintretenden Verminderung der Geschwindigkeit steigen müssen. Diese Annahme wird nicht ohne Weiteres durch die in Hannover gewonnenen Zahlen bestätigt, indem in dem 50 m langen Becken bei 4 mm Durchflussgeschwindigkeit nur 56,0 pCt. Abnahme an suspendirten organischen Stoffen, bei 6 mm dagegen 56,3 pCt. gefunden wurde, andrerseits ist die bei den 75 m langen Becken festgestellte Verschiedenheit des Effektes mit 62,7 und 61,7 pCt. zu Gunsten der geringern Durchlaufsgeschwindigkeit eine verhältnissmässig so geringfügige, dass die Forderung der geringern Geschwindigkeit sich als eine unverhältnissmässige Belastung darstellen könnte. Denn jeder Millimeter verminderter Durchlaufsgeschwindigkeit drückt sich in der Erhöhung der Summe der Anlagekosten aus.

Wir verfügen über verhältnissmässig wenig frühere Beobachtungen[1]), an denen die Wirkung der Durchflussgeschwindigkeit, der Länge der Absatzbecken etc. bemessen werden kann. Wir müssen deshalb

---

[1]) Lepsius, Chemische Untersuchung über die Reinigung der Sielwässer in Frankfurt a. M. Jahresbericht des Physikal. Vereins. 3. Abhdlg. 1889/91.

dankbar sein; wenn in zielbewusster Weise Anhaltspunkte für diese Beurtheilung geschaffen werden.

Andrerseits muss hervorgehoben werden, dass wir in den mitgetheilten vorläufigen Versuchsergebnissen sichere Unterlagen für die abschliessende Beurtheilung noch nicht haben und ihr wesentlicher Werth zur Zeit darin zu suchen ist, dass in den Originaltabellen vergleichende Werthe geschaffen sind, die in Verbindung mit den an andern Orten zu gewinnenden Zahlen praktisch verwerthbare Schlüsse demnächst zulassen. Ein für 300000 Mark mit allem Zubehör erbautes Probebecken in grossem Maassstab geht in Köln seiner Vollendung entgegen und wird voraussichtlich im Frühjahr unter sachverständiger Leitung zu planmässigen Versuchen in Betrieb genommen werden.

Weitere Versuche über den mechanischen Klärbetrieb in Absatzbecken und Brunnen sind im Einverständniss mit der Aufsichtsbehörde in Frankfurt a. M., Thorn und Allenstein im Gange.

Es wäre zu wünschen, dass auch an anderen Orten mit gleichen Anlagen regelmässige Beobachtungen nach bestimmten Grundsätzen angestellt werden. So liesse sich erhoffen, in verhältnissmässig kurzer Zeit zu allgemeinen Grundsätzen zu gelangen. Wie schwierig dies im Einzelfalle ist, erhellt schon aus dem Hinweis auf einzelne in Betracht kommende Momente, wie die wechselnde Zusammensetzung der Kanalwässer. Dieselbe schwankte nach den Feststellungen von Höpfner und Paulmann bei Trockenheit und Regenwetter in ihrem Gehalt an Schwebestoffen im Liter zwischen 212,5 und 17000 mg (S. 141). Die Ermittelungen von Bock und Schwarz geben uns hinwiederum ein ausgezeichnetes Bild von den Tagesschwankungen. Beim Stundenmaximum von 6 pCt. und Stundenminimum von 2 pCt. der Tagesmenge weisen die abfliessenden Wässer in den Nachtstunden zwischen 2 und 5 Uhr im ungeklärten Zustande eine geringere Verunreinigung auf wie die geklärten Tageswässer (S. 162).

Diese zahlenmässig gegebene Feststellung kann von weittragendem praktischem Werth sein. Es ist nicht unmöglich, dass bei einem derartigen Nachweis die Aufsichtsbehörde die Forderung einer Reinigung der Kanalwässer für bestimmte Stunden fallen lassen oder bis zu einem gewissen Grade erleichtern kann, namentlich in Städten, wo sozusagen kein Nachtleben existirt.

Auch die Anfüllung der Becken mit mehr oder weniger Rückstand ist ein Moment, das sowohl durch die Raumverminderung, wie auch durch die aufsteigenden Fäulnissgase den Kläreffekt beeinflussen kann.

Die günstige Wirkung, die hinsichtlich der Ausscheidung der Schwimm-, Schwebe- und Sinkstoffe in Klärbecken zu erzielen ist, wird durch die Feststellungen in Cassel und Hannover gleichmässig bestätigt. Der in Caseel erreichte Erfolg wird in minimo und maximo angegeben hinsichtlich des Gesammtrückstandes mit 46,12—96,37 pCt., der organischen Substanz mit 30,31—97,33 pCt., der Mineralstoffe mit 18,08—96,32 pCt. In Hannover wurden bei 50 m und 75 m langen Becken in maximo eine Abnahme an suspendirten organischen Stoffen von 56,8 bezw. 62,7 pCt. erreicht.

Gleich günstig stellen sich die Beobachtungen in Frankfurt, bei denen sich der Gehalt der Rohjauche an Stickstoff hinsichtlich des Gesammt- und organischen Stickstoffes der suspendirten Bestandtheile von 22,4 bezw. 21,0 auf 6,3 bezw. 2,5 im Liter verminderte. In Allenstein gelang es etwa 94 pCt. der ungelösten Bestandtheile durch die Sedimentirung zu beseitigen.

Gegenüber diesen bestechenden Zahlen muss man sich vergegenwärtigen, dass die Casseler Resultate innerhalb weiter Grenzen schwanken, und dass die gelösten organischen Substanzen durch den mechanischen Klärprocess fast gar nicht beeinflusst werden, wie die bezüglichen Zahlen der in Frankfurt a. M. ausgeführten Untersuchungen erweisen: hiernach betrug der Gehalt der Rohjauche an gelöstem Stickstoff — Gesammt-, flüchtiger, organischer — 52,5; 41,3; 11,2, der mechanisch geklärten Jauche 48,3; 38,5; 9,8 im Liter. In Allenstein betrug der Gesammtstickstoff der Rohjauche 238 mg — davon in Lösung 212,8, in suspendirter Form 25,2 — nach der Sedimentirung 217,8 mg. Die Wässer bleiben somit fäulnissfähig auch nach ihrer Reinigung. Wenn an den geklärten Wässern der Casseler Anlage anscheinend nach der S. 18 gemachten Angabe keine Fäulniss eingetreten ist, so müssen hierfür besondere Verhältnisse massgebend sein. Auch dem äussern Ansehn nach sind und bleiben derartige Klärwasser Schmutzwasser. Ob die mit dem mechanischen Klärprocess der Abwässer zu erzielende Reinigung ausreicht, wird allgemein nicht gesagt werden können, sondern stets von der Prüfung des Einzelfalles abhängen; hierbei spielen, wie wir wissen, die Vorfluthverhältnisse die Hauptrolle. Nach der Mittheilung der Kgl. Wasserbauinspection, Juli 1899, haben sich seit Inbetriebnahme der Kläranlage an dem einige Kilometer unterhalb befindlichen Nadelwehr wesentliche Ablagerungen nicht gezeigt, jedoch ist beim Ziehen der Nadeln oftmals bemerkt, dass an denselben Fett-

und Schlammtheile haften, welche auch bei dicht gesetzten Nadeln vor letzteren abgelagert werden. Anders gestaltet sich die Beobachtung am Main, wo an dem 5 km unterhalb des Einlaufes der Frankfurter geklärten Wässer befindlichen Nadelwehr eine schmierige Ablagerung bemerkt ist, die eine erhebliche Belästigung für die Arbeiter beim Ziehen der Nadeln darstellt. Da dieselbe sich nur an der Seite des Einlaufes befindet, so wird sie auf die zugeleiteten Wässer der Frankfurter Anlage zurückgeführt.

Jedenfalls kann eine blosse mechanische Sedimentirung, wie sie in Becken erreicht wird, nur bei besonders günstigen Verhältnissen in Erwägung genommen werden. Einen Anhaltspunkt für die bei mechanischer Reinigung aufzustellenden Forderungen an den Reinheitsgrad gewährt das Gutachten der Sachverständigen-Kommission (Oberbaudirektor Professor Honsell-Karlsruhe, Geh. Rath Dr. Battlehner-Karlsruhe, Geh. Hofrath Prof. Gärtner-Jena) vom 12. März 1899 über die Canalisation der Stadt Mannheim. In demselben ist gefordert, dass die Sinkstoffe, sowie die schwimmenden und schwebenden Stoffe bis zu einer Grösse von 3—2 mm im kleinsten Durchmesser herab entfernt werden und dass die Geschwindigkeit bei dem Höchstbetrage des unverdünnten Schmutzwassers 2 cm in der Secunde nicht übersteige.

Einige Besonderheiten der Casseler Anlage seien noch erwähnt. Die Anlage arbeitet ohne Rechen oder sonstige Abfangvorrichtungen für Schwebe- und Sinkstoffe vor dem Einlauf und lässt das Abwasser aus der Einlaufrinne mit freiem Querschnitt in die Becken eintreten. Dieselben sind mit einem Sohlengefälle von 1 : 100 in der Durchflussrichtung hergestellt und am unteren Ende als Sümpfe ausgebildet. Von diesem Punkte sollen alle abgesetzten Schmutzstoffe entfernt werden. Die Ablaufeinrichtung ist insofern eigenartig, als die absperrende Vorrichtung zur Hälfte fest, zur Hälfte aus einem nach unten beweglichen Schieber gebildet ist, der durch allmäliges Senken gestattet, das abgeklärte Wasser, welches sich in dem ausgeschalteten Becken über dem Schlamm bildet, abzulassen. Es ist dies dort ausführbar, weil auffallender Weise die Bildung einer Haut von Schwimmstoffen nicht eintritt. Wenn dies von den Autoren auf die beschriebene freie Einführung des Canalwassers in die Becken zurückgeführt wird, so möchte ich annehmen, dass hiermit allein diese Erscheinung sich nicht erklärt. Eine gewisse Bedeutung für die Bildung oder das Ausbleiben der Schwimmschicht kommt jedenfalls der Zusammensetzung zu, dass aber auch diese allein nicht ausschlaggebend ist, konnte von der staatlichen Commission am Versuchsfilter in Charlottenburg durch einen Versuch gezeigt werden, bei dem es gelang, bei demselben Canalwasser durch Bedeckung eine Schwimmschicht zu erzeugen, die bei dem nicht bedeckten Wasser ausblieb. Dass auch die Bedeckung nicht das Wesentliche ausmacht, lehrt die Beobachtung an den offenen Absatzbassins auf den Charlottenburger Rieselfeldern, wo sich eine ähnlich starke Schwimmschicht bildet, wie sie in dem Faulraum der Schweder'schen Versuchsanlage beobachtet wurde. Soweit es sich bisher beurtheilen lässt, sprechen Gährungsvorgänge mit, für die eine gewisse Temperatur von Einfluss ist und die Bedeckung, vermuthlich insoweit, als sie dieselbe begünstigt und constant erhält. Hier ist ein Punkt, der der Aufklärung durch die wissenschaftliche Forschung bedarf und derselben werth ist. Jedenfalls ist diesem Punkte seitens der staatlichen Commission eine besondere Aufmerksamkeit seit längerer Zeit gewidmet und wird den Ursachen der Erscheinung nachgeforscht, wobei fortgesetzt im Auge behalten wird, klarzustellen, welche Bedeutung dem sog. Faulraum als Sedimentir- und eventuell als Gährungsraum beizumessen ist. Sehr lehrreich gestalten sich in dieser Beziehung die bisherigen Ermittelungen an der Anlage der Allgemeinen Baugesellschaft für Canalisirung und Wasserversorgung in Tempelhof. Hier wurde die Bildung einer Schwimmschicht bis zu 1 Meter Mächtigkeit in der ersten Sammelkammer innerhalb der ersten 5 Betriebsmonate beobachtet, die in ihrem oberen Theil trocken bis zur Stichfestigkeit war und während der kalten Jahreszeit die offene Lagerung auf freiem Felde ohne Belästigung gestattete.

Beachtenswerth ist ferner die Feststellung bei der Casseler Anlage, dass die drainirten Kiesfilter zur Entwässerung des Schlammes versagt haben und dass je nach der Witterung Monate vergehen, ehe bei offener Lagerung der abgepumpte Schlamm einigermassen stichfest wird. Welche Belästigungen durch solche offenen Schlammlager verursacht werden, ist genugsam bekannt. Man wird deshalb bei jeder Kläranlage thunlichst dies vermeiden und von vornherein die Fortschaffung des Schlammes oder seine Compostirung durch Zusatzstoffe mit dem Ziele einer planmässigen landwirthschaftlichen Verwerthung ins Auge fassen müssen. Die in Cassel geübte Mischung mit Strassenkehricht wird sich für manche Städte empfehlen.

Als Desodorisirungsmittel bei den Rückständen ist der Aetzkalk bei vergleichenden Versuchen mit anderen Mitteln als bestes erkannt. Die gebrauchte Menge: für 100 cbm Schlamm 100 kg Aetzkalk (1 : 1000), ist verhältnissmässig hoch. Erfahrungsgemäss wird durch den Kalk der landwirthschaftliche Werth schon allein durch Stickstoffverluste wesentlich beeinträchtigt. Angaben hierüber wurden nicht gemacht, es bleibt deshalb fraglich, ob dem Kalk unter Berücksichtigung dieses Gesichtspunktes der unbeschränkte Vorzug auf Grund seiner desodorisirenden Eigenschaft zugebilligt werden kann.

Wie vorerwähnt bedürfen die Vorfluthverhältnisse einer besonders eingehenden Würdigung nach den in dem Ministerial-Erlass vom 30. März 1896 Ziffer 3[1]) angegebenen Gesichtspunkten, unter denen insbesondere die Benutzung des Wassers wichtig erscheint, bevor die Zuleitung mechanisch sedimentirter Canalwässer als statthaft erachtet werden kann.

Wir wissen aus dem von Dr. Nocht[2]) erstatteten interessanten Bericht über die Abwässerbeseitigung in englischen Städten, dass man in England bei Benutzung des Flusswassers zum Trinken ernstlich bemüht ist, alle menschlichen Excremente und Hausschmutzwässer von den Flussläufen fernzuhalten. In Preussen ist man in diesem Punkte mehr und mehr den Städten, welche auf die Flüsse bei der Beseitigung ihrer Abwässer angewiesen sind, mit erleichternden Anforderungen entgegengekommen, indem bei intensiverer Ausbildung des mechanischen Klärbetriebes und weitgehenderer Befreiung von Schmutzstoffen die Desinfection der abfliessenden Wässer oftmals nur für Zeiten der Epidemien vorbehalten wird. Als Voraussetzung gilt dabei, dass die betreffende Commune sich guter hygienischer Verhältnisse erfreut, nachweislich von ansteckenden Krankheiten, insbesondere Typhus, frei und im Besitz aller Einrichtungen zur erfolgreichen Bekämpfung ansteckender Krankheiten ist oder dieselben vorher schafft. So werden je nach den Umständen die strenge Regelung der Anzeigepflicht, die Einführung des Desinfectionszwanges für ansteckende Krankheiten durch besondere Polizeiverordnung, die Beschaffung eines Desinfectionsapparates, die Ausbildung von Desinfectoren, wohl auch der Erlass einer den hygienischen Forderungen entsprechenden Bauordnung als Bedingung für die Genehmigung eines milderen Reinigungsverfahrens gestellt und erreicht. Allgemein wird

------

1) Suppl. 1898. Einleit. Besprechung. S. XXXVIII.
2) Hygienische Rundschau. 1899. No. 13.

die Desinfection nur an den vorgeklärten Wässern empfohlen und bis zu dem Grade gefordert, dass die coliartigen Bacterien abgetödtet sind.

Die gesetzliche Regelung zur Verhütung der Flussverunreinigung steht noch aus. Die auf die Reinhaltung der Flüsse anwendbaren Bestimmungen, wie sie sich in der Begründung zum Entwurf eines Preussischen Wassergesetzes[1]) zusammengestellt finden, enthalten kaum mehr als ein allgemeines Programm und haben nicht genügt, die Flussverunreinigung wirksam zu verhüten. Es fehlt darin eine Vorschrift, nach der eine dem öffentlichen Wohle widersprechende Verunreinigung der Gewässer allgemein verboten werden könnte.

Die oftmals widerstreitenden Interessen der Industrie, Landwirthschaft, Fischerei, Schifffahrt und Gesundheitspflege lassen die befriedigende Lösung besonders schwierig erscheinen und haben dazu geführt, die Regelung im Bürgerlichen Gesetzbuche und im Entwurfe eines Preussischen Wassergesetzes aufzugeben und die Regelung im Wege provinzieller Polizei-Verordnungen in Aussicht zu nehmen. Ob diese Waffe ausreichen wird, die bisher entwickelten Missstände und Schäden zu beseitigen, kann angesichts des geltenden Rechts zweifelhaft erscheinen, da durch Polizei-Verordnungen bestehende Rechte nicht beschränkt oder neue im Gesetze nicht begründete Pflichten nicht auferlegt werden können und polizeilich nur eingeschritten werden darf, soweit gesundheitliche Gefahren in Betracht kommen. Man wird billiger Weise nicht verlangen können, dass jede Verunreinigung eines Flusses ausgeschlossen ist. Diese Auffassung ist auch in der Judicatur nicht begründet, vielmehr ist durch die Entscheidung des Reichsgerichts vom 2. Juni 1886 der Grundsatz festgelegt, dass der unterhalb liegende Uferbesitzer sich diejenigen Zuleitungen gefallen lassen muss, welche das Maass des Gemeinüblichen nicht überschreiten, selbst wenn dadurch die absolute Anwendbarkeit des ihm zufliessenden Wassers beeinträchtigt wird.

Bei dieser Sachlage liegt die Schwierigkeit darin, dass wir bisher allgemein anerkannte Grundsätze für die Beurtheilung nicht haben und im Einzelfalle stets auf das nach dem jeweiligen Stande der Wissenschaft und Praxis zu erstattende sachverständige Gutachten angewiesen sind, um eine einigermaassen gerechte Abwägung der Interessengegensätze und Beurtheilung des überwiegenden Nutzens oder Schadens eintreten zu lassen. Es fehlt insbesondere auch ein leicht zu

---

1) Amtliche Ausgabe. S. 94. Berlin. Verlag von Paul Parey. 1894.

handhabender Maassstab für die Zulässigkeit oder Unzulässigkeit der Einleitung von Schmutzwässern in die Flussläufe. Wie in der mehr-erwähnten einleitenden Besprechung Seite XXXVIII angegeben wurde, war das Bestreben seit längerer Zeit darauf gerichtet, das gesammte Thier- und Pflanzenleben eines Flusses in seiner Abhängigkeit von der Beschaffenheit zugeleiteter Schmutzwässer zu erforschen, wenn möglich sozusagen Leitthiere und Leitpflanzen als charakteristisch für bestimmte Abwässerverunreinigungen festzulegen und diese Be-funde neben den bacteriologischen und chemischen Ermittelungen zur gutachtlichen Entscheidung zu verwerthen.

Auf diesem Wege begegnen wir uns mit Dr. Schorler und Prof. Metz. Der Erstere hat die Schmutzwasservegetation in der Elster und Lippe unterhalb Leipzig und in der Elbe bei Dresden[1]) lehrreich behandelt und der Letztere schon bestimmte auf die Abwasser vegetation gestützte Thesen zur Abwasserbegutachtung aufgestellt[2]).

Nachdem mit Unterstützung des Deutschen Fischereivereins orientirende Versuche während mehrerer Monate angestellt waren, wurde in einer Versammlung von Sachverständigen im März 1899 der definitive Arbeitsplan festgelegt, aus dem Folgendes als Anhalt für etwa an anderen Stellen auszuführende Paralleluntersuchungen mitgetheilt wird.

„An den durch die Begehung des Wasserlaufes als geeignete Stellen festgelegten Punkten (Eintragung in Messtischblatt) werden gleichzeitig die Proben für die Untersuchung der Fauna, Flora, sowie auf chemische und bacteriologische Beschaffenheit entnommen und zwar von den begutachtenden Sachverständigen in eigener Person. Soweit erforderlich wird die Arbeit an Ort und Stelle ausgeführt; das Weitere zu Hause und zwar möglichst innerhalb 12 Stunden an den lebenden Organismen. Der Untersucher hat stets anzugeben, wie viel Stunden nach der Entnahme untersucht worden ist. Zur Conservirung ist Sublimat zu verwenden. Unbenommen bleibt da-neben Formol zu gebrauchen, wobei gleichzeitig der Werth beider Conservirungsmethoden thunlichst ermittelt werden soll. Die Proben

---

1) Gutachten über die Vegetation der Elbe und ihre Bedeutung für die Selbstreinigung derselben. Dr. Schorler erstattet a. d. Rath der Stadt Dres-den 1897.

2) Mikroskop. Wasseranalyse. S. 548. Berlin, Springer, 1898. — Zur Frage der fäulnissfähigen Industrieabwässer. Zeitschr. f. Gewässerkunde. Heft 1. 1899.

sind flaschenvoll zu entnehmen, geschlossen und kühl aufzubewahren. Die Probeentnahmen werden allmonatlich ausgeführt.

Als geeignete Wasserläufe werden für Berlin gewählt: die Panke und Schwärze, sowie die Bäke.

Im Einzelnen werden für die Untersuchung folgende Gesichtspunkte als Richtschnur aufgestellt:

I. Untersuchung der gesammten Fauna und Flora, soweit sie im Wasser sich befindet.

A. Feststellung der örtlichen Verhältnisse.
1. Ort (Messtischblätter);
2. Geologische Verhältnisse; auch ob Wald, Wiese etc.;
3. Ufergestaltung;
4. Flusssohle;
5. Ungefähre Breite und Tiefe.

B. Feststellung der Wasserverhältnisse.
1. Wasserstand und Ursache desselben;
2. Stromgeschwindigkeit;
3. Durchlüftung;
4. Durchsichtigkeit und andere physikalische Erscheinungen (im Probeglas);
5. Geruch;
6. Temperatur (mittelst Schöpfeimers).

C. Feststellung der Zeit und meteorologischen Verhältnisse.
1. Datum;
2. Tageszeit;
3. Belichtung;
4. Lufttemperatur;
5. Barometerstand (am Morgen und Abend gemessen).

D. Untersuchung der Fauna und Flora.
1. Berichtigung und ungefähre Abschätzung der Menge der mikroskopisch sichtbaren Thiere und Pflanzen;
2. Entnahme von Plankton mit dem Planktonnetz 10 Min. lang;
3. Abkratzen der Wasserpflanzen resp. Pfeiler;
4. Entnahme einer Bodenprobe (circa 25 ccm).

II. Bacteriologische Untersuchung.

Sie soll thunlichst an Ort und Stelle eingeleitet werden und die Culturen sollen auf Nährgelatine und Jodkali-Kartoffelgelatine angesetzt werden.

III. Chemische Untersuchung.

Es kommen in Betracht:

1. Menge der suspendirten Stoffe;
2. Summe der gelösten Bestandtheile (Abdampfungsrückstand);
3. Chlorgehalt;
4. Ammoniak;
5. Salpetersäure;
6. Oxydirbarkeit und salpetripe Säure;
7. Eisengehalt;
8. Humin-Verbindungen;
9. Kalkgehalt;
10. Sauerstoff, Kohlensäure und Stickstoff (eventl. mit dem Tenax zu bestimmen)."

Bei diesen Untersuchungen sind die Sachverständigen des Deutschen Fischereivereins, sowie des Vereins für Kryptogamenforschung der Provinz Brandenburg betheiligt und im staatlichen Auftrage thätig.

Die bisherigen Ergebnisse der regelmässig monatlich ausgeführten Untersuchungen scheinen auch für die Beurtheilung des Verunreinigungs-Grades und dessen Veranlassung einzelne allgemein verwerthbare Gesichtspunkte zu ergeben. Die Mittheilung muss bis nach Abschluss der Jahresuntersuchungen vorbehalten bleiben. Aber ganz abgesehen davon, ob die schliesslichen Ergebnisse den Wünschen bezüglich der Festlegung von specifischen Leitthieren und -Pflanzen entsprechen oder hinter denselben zurückbleiben, wird diese systematische Festlegung der faunischen, floristischen, chemischen und bakteriologischen Beschaffenheit der drei genannten Gewässer über ein Jahr hin Beachtung verdienen und uns jedenfalls eine grössere Klarheit über den wichtigen Einfluss der Jahreszeit geben. Sie wird eine sichere Grundlage sein, auf welcher weitere fachwissenschaftliche und praktische Arbeiten aufgebaut werden können.

Wenden wir nun unsern Blick zu dem allgemeinen Stand der Abwässerreinigungsverfahren, so müssen wir vorab mit Befriedigung anerkennen, dass eine reiche Thätigkeit im wissenschaftlichen und practischen Abbau dieses Gebietes fortdauernd entfaltet wird. Wesentliche Verbesserungen sind bei manchen Verfahren erreicht und weitere angebahnt.

Hinsichtlich der Beseitigung der Abwassermassen grosser schwemmcanalisirter Städte wird, wohl im Einverständniss mit allen Fachmännern, von der Aufsichtsbehörde daran festgehalten, dass die Unschädlichmachung auf Rieselfeldern das zweckmässigste Verfahren darstellt und überall, wo dasselbe durchführbar ist, angestrebt werden muss. Es wird dabei nicht verkannt, dass auch bei der Berieselung Mängel zu beklagen und dass die krystallklar abfliessenden Drainwässer nicht in jeder Hinsicht so ideal sind, als sie scheinen. Die officiellen Berichte der Berliner Canalisationsdeputation belehren uns, dass die Zusammensetzung der Drainwässer nichts weniger als eine stetige ist und dass dieselben zum Theil noch einen sehr hohen Gehalt an Stickstoff in organischer Verbindung, als Ammoniak, sowie auch in salpetriger Säure aufweisen; Zeichen dafür, dass die angestrebte Mineralisirung der Jauchebestandtheile nicht erreicht ist. Andrerseits steigt der Gehalt an dem kostbarsten Pflanzennährstoff der Salpetersäure mehrfach auf 0,28 pM. Bei einem derartigen Gehalt an Salpetersäure und Gegenwart von Kalk, Kali und Phosphorsäure sind die Voraussetzungen zu einer reichlichen und sog. Schmutzwasserevegetationsentwicklung gegeben, die naturgemäss bei ungenügender Vorfluth zu Unzuträglichkeiten mancherlei Art führen muss. Die hierdurch bedingten Missstände sind vom hygienischen Standpunkt beklagenswerth, während andrerseits vom landwirthschaftlichen der Verlust an den Pflanzennährstoffen eine Aenderung des Betriebes und eine rationelle Berieselung fordert. Nach König-Münster[1]) soll als Maassstab für die aufzubringende Menge Spüljauche der Stickstoffgehalt dienen und hehufs voller Ausnützung 1 ha auf 100 Köpfe, bei besonders günstiger Vorfluth auf 200 Köpfe gerechnet werden. Hierdurch würde der Bedarf an Rieselland nicht unerheblich steigen und die schon bestehenden Schwierigkeiten zur Beschaffung genügenden Rieselterrains vermehrt. Man wird deshalb auch den weiteren Weg nicht vernachlässigen dürfen, ohne Vermehrung des Rieselfeldes oder mit dem Ziele der Verminderung die Abwässer durch eine entsprechende Vorbehandlung geeigneter für die Culturzwecke zu machen. Als einfachstes und naheliegendstes Mittel kann die Sedimentirung und Absetzung der Schlammstoffe in Staubecken und die Zurückhaltung der Schwimm- insbesondere Fettstoffe durch eine Eintauchplatte bezeichnet werden, wie solche seit einigen Jahren auf den Charlottenburger Rieselfeldern eingeführt ist. Wer die mit der vorgeklärten Jauche versorgten Rieselwiesen mit ihrem gleichmässigen Graswuchs neben den mit Rohjauche gerieselten, bei denen die grüne Fläche von zahl-

---

1) Die Verunreinigung der Gewässer. 2. Auflage. Bd. I. S. 286.

reichen verschlammten Stellen unterbrochen ist, einmal gesehen hat, wird überzeugt, dass mit dieser einfachen Vorrichtung nützliches geleistet ist. Die zumeist vorhandenen Aufstaubecken für das Winterabwasser lassen sich wohl leicht zu solcher dauernden Benutzung als Sedimentirbecken umgestalten. Man benutze dieselben,. um sämmtliche Rohjauche, soweit man nicht mit Vortheil von ihrer verschlammenden Eigenschaft bei leichtem, sandigem, fliegendem Boden Gebrauch machen will, hier absetzen zu lassen.

. Es kann keinem Zweifel unterliegen, dass in der Richtung einer den Culturzwecken angepassten Vorbehandlung der Rieselwässer noch Wesentliches geleistet werden kann und sowohl vom landwirthschaftlichen wie hygienischen Standpunkte mit Freuden begrüsst werden muss. Mit der intensiveren landwirthschaftlichen Ausnützung der Wasser geht ihre bessere Reinigung Hand in Hand. Das nächstliegende ist die nochmalige Verwendung der Drainwässer zu einer zweiten Berieselung. Vielfach werden die Terrainverhältnisse dies unter Ausnützung der natürlichen Niveauunterschiede gestatten, wo dies nicht der Fall ist, wird ernstlich zu erwägen sein, ob die Kosten für die Hebung der Wässer zu nochmaliger Verwendung und Verwerthung durch Berieselung sich nicht durch die wirthschaftlichen und hygienischen Erfolge bezahlt machen. Man wird, ob mit natürlichen Gefällsverhältnissen oder mit Hebung gerechnet werden muss, gleich vortheilhaft die Aufstauung der Drainwässer in Sammelbecken ausführen können und damit einen Regulator schaffen, der gestattet, den Feldern auch in trockner, Abwasser-armer Zeit das nöthige Wasser zuzuführen. Denn es muthet sonderbar an, wenn man in solcher Zeit die Rieselwärter und Rieselfeldpächter über Abwassermangel klagen hört.

Es wäre wirklich nach soviel Jahren des Versuchs und der Erfahrungen wohl an der Zeit, dass man auch im Rieselbetrieb die biblische Historie von den fetten und mageren Zeiten beherzigte und eine den Culturzwecken angepasste haushälterische Verwendung der Abwassermengen einführte, die ich kurz in 3 Stich-Worten kennzeichnen möchte, nämlich zur Beschlammung, Befruchtung und Bewässerung.

An Mahnungen, sich nicht mit einer einfachen Unterbringung der Abwässer zu begnügen, sondern eine wirthschaftliche Verwerthung herbeizuführen, hat es von autoritativer Seite: ich nenne nur Alex. Müller und König, nicht gefehlt. Vom gesundheitspolizeilichen

Standpunkte kann man sich diesen Bestrebungen nur voll und ganz anschliessen.

Einen erheblichen Schritt weiter auf diesem Wege stellt der von der Stadt Charlottenburg auf ihrem Rieselfelde zu Carolinenhöhe ausgeführte Bau von grossen Oxydationsfiltern von je 12 m Länge, 10 m Breite und 1 m Tiefe dar. Hier wird der Versuch im Grossen darthun, inwieweit ein Ersatz oder nutzbringende Ergänzung der Rieselfelder eintreten kann. Der Bau selbst ist auf städtische Kosten nach den Plänen des Stadtbaurathes Bredtschneider ausgeführt. Die wissenschaftlichen Untersuchungen und Versuche liegen in den Händen der staatlichen Sachverständigen-Commission. Ich finde hier willkommene Gelegenheit, der städtischen Verwaltung und ihrem Stadtbaurath für das opferwillige Entgegenkommen Dank zu sagen, mit welchem dieselben die Anlage des Versuchsfilters auf dem Terrain der Charlottenburger Pumpstation ermöglicht und die Arbeiten der staatlichen Sachverständigen-Commission in bereitwilligster Weise unterstützt und gefördert haben.

Indem die Stadtverwaltung den Wunsch der Sachverständigen-Commission und der Wissenschaft[1]) durch den Bau der grossen Versuchsanlage auf ihren Rieselfeldern erfüllte, hat dieselbe einen weiten Blick für die Bedürfnisse der Wissenschaft und Praxis bewiesen und ganz unabhängig davon, was das Ergebniss sein wird, sich ein unbestreitbares Verdienst um die Förderung dieser für weite Kreise bedeutsamen Angelegenheit erworben.

Mehr als je steht im Vordergrund des Interesses das Reinigungsverfahren, das wir als biologisches zu bezeichnen pflegen. Wenn in meiner Besprechung der Versuchsreinigungsanlage zu Gross-Lichterfelde vor Jahresfrist auf die wenig reichhaltige wissenschaftliche Literatur hingewiesen werden konnte, so hat sich dieses inzwischen durchaus geändert, indem zahlreiche und werthvolle Veröffentlichungen zu verzeichnen sind. Ich erwähne hier nur die Arbeiten: Zur Frage über die Natur und Anwendbarkeit der biologischen Abwässerreinigungsverfahren, insbesondere des Oxydationsverfahrens von Prof. Dunbar[2]) und Das biologische Verfahren zur Reinigung von Abwässern von Wilh. Bruch[3]).

---

1) Siehe u. a. Schumburg, Untersuchungen über die Schweder'sche Anlage. Vierteljahrsschr. f. ger. Med. u. öff. San. 1899. Heft 1. S. 168.

2) Deutsche Vierteljahrsschr. f. öffentl. Gesundheitspflege. B. XXXI. H. 4.

3) 1899. Naturwissenschaftl. Verlagsanstalt.

Ausser in diesen lesenswerthen und ausführlichen Originalarbeiten ist die Angelegenheit in zahlreichen Artikeln von den Fachschriften behandelt: Schweder, Die Grosslichterfelder Versuchskläranlage zur Reinigung städtischer Abwässer etc. (Gesundheit, 1899, No. 7; Technisches Gemeindeblatt, 1898, No. 12, 1899, No. 1); König (ebendaselbst, 1898, No. 16); Frank, Biologisches Verfahren der Abwässer-Reinigung nach Dibdin und Schweder (Schilling's Journal für Gasbeleuchtung und Wasserversorgung); Schumburg, Ueber einige neuere Kläranlagen (Deutsche militärärztliche Zeitschrift, 1898) u. A.

Ich darf mich bei dieser Sachlage darauf beschränken, den gegenwärtigen Stand der Angelegenheit, wie er durch die vorstehenden Arbeiten der staatlichen Sachverständigen-Commission und des Professors Dunbar und seines Mitarbeiters Dr. Zirn festgelegt ist, kurz zu kennzeichnen, einige practisch wichtige Befunde hervorzuheben und durch die bisher noch nicht publicirten Ergebnisse und Erfahrungen anderer Orte zu ergänzen.

Bezüglich der Werthschätzung des von der staatlichen Sachverständigen-Commission gegebenen Berichtes sei es mir gestattet, vorweg noch zu bemerken: Diese Ergebnisse sind der Natur der Sache nach als vorläufige aufzufassen. Ihre Bekanntgabe rechtfertigt sich von dem Gesichtspunkte aus, dass sie mit den an anderen Orten gewonnenen in Vergleich gestellt werden können und insofern von allgemeinem Interesse sind, zumal es sich bei diesen Versuchen um städtische Abwässer von besonders complicirter und verschiedenartiger Zusammensetzung handelt. Die Versuche sollen fortgesetzt und ihre Resultate an dem auf dem Rieselfelde Carolinenhöhe gebauten grossen Filter der Stadt Charlottenburg auf ihre practische Verwendbarkeit in grossem Maassstabe geprüft werden. —

Das beste Füllmaterial für Oxydationsfilter ist nach den bisherigen übereinstimmenden Ermittelungen Coks, und zwar in einer Korngrösse von etwa 7 mm. Diese von Dunbar als beste Nutzungsgrösse vorgeschlagene Kornstärke ist auch nach Maassgabe der mit der Charlottenburger Jauche an dem hiesigen Versuchsfilter erzielten Ergebnisse für das grosse Versuchsfilter angenommen. Die Beschaffung der hierfür nöthigen Menge von Schmelzcokes und ihre Zerkleinerung erfordert jedoch zur Füllung eines Beckens die Aufwendung von etwa 2000 Mk.; es sind deshalb Versuche im Gange, ob durch anderen Coks, Holzkohle etc. ähnliche Effecte erzielt werden. Kies und Sand sind ungeeignetes Material.

Die qualitative und quantitative Leistung stehen bis zu einem gewissen Grade in einem umgekehrten Verhältnisse. Es gehört eine gewisse Zeit dazu, bis das Filter eingearbeitet bezw. reif (Dunbar) ist. Die Ergebnisse an den Versuchsfiltern in Frankfurt a. M. bestätigen dies auch in bezeichnender Weise, indem die Wirkung der Filteranlage auf die Abnahme des gelösten organischen Stickstoffs in der ersten Versuchsperiode unter 10 pCt. blieb, während dieselbe in der Versuchsperiode September—November 1899 bis auf 50 pCt. stieg.

Dabei hatte die rein mechanische Leistung abgenommen, indem die Aufnahmefähigkeit der beiden Filterbetten mit 10,190 cbm sich um 1,290 cbm vermindert. Täglich waren auf 1 qm Filterfläche rund 1 cbm mechanisch geklärter Jauche gereinigt, seit Anfang Juni bis 16. December in dem Vrrsuchsfilter rund 4800 cbm. Die 3,5 auf 3,5 m grossen und 1 m hohen Filterbetten sind dortselbst gefüllt mit nussgrossem Coks und mitunter nur 1 Stunde mit dem Abwasser beschickt gewesen.

Dies lässt hoffen, dass die Zeit, während welcher die Jauche im Filter zur Erzielung guter Wirkung gehalten werden muss, sich unter Umständen noch unter die nach den sonstigen Beobachtungen als zweckmässigst angenommene Zeit von 2 Stunden herabsetzen lässt.

Für die Wirkung der Oxydationskörper ist der Zutritt der Luft von wesentlichem Einfluss. Dies beweist das Versagen bei der Bedeckung mit Holzwolle etc. und die Steigerung bei künstlicher Luftzuführung. Die Mineralisirung der im Filtermaterial zurückgehaltenen feinsten schwebenden Stoffe geht der Hauptsache nach in der Zeit der Ruhe vor sich und kann in dieser durch künstliche Luftzuführung erheblich beschleunigt werden. Jede Verschlammung der oberen Schichten muss deshalb vermieden werden, und zwar nicht durch Bedeckung der Oxydationskörper, sondern durch eine richtige Vorklärung. Fernerhin kann der sog. Faulraum, d. h. ein gedecktes Sammelbecken, eine sehr geeignete Anlage dort sein, wo eine offene Aufspeicherung zu Belästigungen der Umgebung führen würde. Ein vollständiger Luftabschluss wird auch von Schweder nicht mehr vertreten. Derselbe hatte an seiner Anlage im Rotherstift die Beobachtung gemacht, dass durch den Druck der in dem abgeschlossenen Raume sich entwickelnden Fäulnissgase der Zufluss der Jauche verhindert wurde. Der Aufspeicherung an sich ist die nicht zu unterschätzende Wirkung beizulegen, dass eine gleichmässige Jauche den Oxydationskörpern zugeführt werden kann. Wir müssen uns dabei der erheblichen Unterschiede erinnern, die die Zusammensetzung der Jauche desselben Ortes in den einzelnen Tagesstunden (siehe Nachweise über Hannover) zeigt.

Wie weit die mit der Aufspeicherung bedingte faulige Zersetznng der Wässer für den endgültigen Effect und die sog. Schlammverzehrung in Rechnung gestellt werden kann, bedarf weiterer Ermittelungen. Ich sehe deshalb von Erörterungen hier ab und nehme Bezug auf den Bericht über die thatsächlichen Beobachtungen bei Abbruch der Versuchskläranlage in Gross-Lichterfelde. So viel ist auch durch die anderwärts gemachte einwandsfreie Beobachtung sichergestellt, dass die Schlammfrage je nach der örtlichen Zusammensetzung der Jauche eine grundverschiedene ist.

Das bei der Kläranlage in Marburg a. L. erbaute Filter, an dem die Wirkung der Riensch-Apparate zur Vorreinigung erprobt werden sollte, hat verschieeene Umbauten erfahren müssen, ehe es seinem Zwecke entsprach. Die Untersuchungen haben deshalb erst später als gedacht aufgenommen werden können. Ihre Mittheilung bleibt vorbehalten.

Von practischer Wichtigkeit für den Betrieb ist die Beobachtung, dass die in unserem Klima gewöhnliche Winterkälte den Betrieb nicht stört. In Flinsberg wurde dies bei 24° Kälte festgestellt, in Charlottenburg bei 10°. Bei einer andauernden Kälte selbst bis auf — 18° wurden in der Tempelhofer Anlage folgende Zahlen ermittelt: Temperatur des anströmenden Wassers $+ 15°$, am Ausfluss des Vorfilters $+ 11°$, des Feinfilters $+ 6°$, aus Cokesbetten $+ 4°$. Dieselben waren unbedeckt, abgesehen von der zeitweilig auflagernden Schneedecke.

Nach den von der staatlichen Commission gemachten Beobachtungen hat die Temperatur anscheinend auf die Klärfähigkeit des Abwassers Einfluss. Zwischen Abwasser, welches bei 3° Aussentemperatur vor dem Eintritt in die Filter im Kasten offen stand, und solchem, welches bei der gleichen Temperatur bedeckt stand, sind bemerkenswerthe Unterschiede im Aussehen und in der Reinigungsfähigkeit gefunden worden.

Unbestreitbar ist, dass durch die gesammte Behandlung der Abwässer ein klares, geruchloses Abwasser, das zu Fäulniss nicht neigt, erzielt werden kann; Voraussetzung ist, dass der Betrieb der Art des Abwassers angepasst ist. Soweit bisher die wissenschaftliche Forschung die letzten Ursachen noch nicht aufgedeckt hat und sichere bauliche u. dgl. Einrichtungen nicht ausführbar sind, bleibt dies ein Probiren. Wie schwierig, kostspielig und zeitraubend dies sich gestalten kann, dafür liefern manche Anlagen den Beweis.

Der Standpunkt der Aufsichtsbehörde, wie er in der mehrerwähnten Besprechung 1898 dargethan ist, hat sich durch die Erfahrungen als richtig erwiesen. Derselbe ist daher im Wesentlichen der gleiche geblieben und auch jetzt unverändert darauf gerichtet, die wissenschaftliche und praktische Forschung mit allen Mitteln zu fördern, und den guten Kern der Sache in sicherer und zielbewusster Weise zu entwickeln. Andererseits ist die Aufsichtsbehörde bestrebt, die Sache selbst und die öffentlichen Interessen nicht durch Uebertreibungen schädigen zu lassen und von diesem Standpunkt kann sie ihre Genehmigung nicht zu solchen Projecten ertheilen, welche über den Rahmen des thatsächlich Erprobten oder berechtigter Erwartungen hinausgehen.

Ausser den vorerwähnten Anlagen geben die folgenden von Schweder-Gross-Lichterfelde ausgeführten Anlagen Gelegenheit zu praktischem Studium: bei den Militärkurhäusern in Landeck i. Schl·, Rotherstift-Gross-Lichterfelde, für die Firma Ehrich u. Graetz Treptow-Berlin, für die gräflichen Kurhäuser in Flinsberg, das Genesungsheim in Schmiedeberg i. B., ferner bei der Zuckerfabrik in Marienwerder; in Bau begriffen: Colonie Wildau bei Königswusterhausen.

Die Filter sind überall der kostbarste Theil, das Herz der Anlage, das der Schonung und richtigen Behandlung schon um deswillen bedarf, weil ihre Erneuerung sehr kostspielig ist. Darin liegt ein wichtiges sanitätspolizeiliches Moment, wodurch der Besitzer der Anlage mehr wie durch jede polizeiliche Controle gehalten ist, den Betrieb ordnungsmässig zu gestalten und dauernd so zu erhalten.

Auch bei den anderen Klärverfahren hat die Arbeit und Forschung nicht geruht. In Potsdam, Spandau, Tegel, Hildesheim und anderen Orten ist das Wissen über das Rothe-Degener'sche Reinigungsverfahren vertieft worden. Die Kläranstalt zu Tegel hat die Veranlassung zu einem scharfen Angriff auf das Kohlebreiverfahren[1]) und einer ebenso energischen Zurückweisung[2]) des Angriffes geboten.

---

1) Das Kohlebreiverfahren zur Klärung von Abwässern. Prof. Dr. J. H. Vogel. Naturwissenschaftl. Verlagsanstalt.

2) Dr. Paul Degener, Das Kohlebreiverfahren. Gesundheit. December-Nummer. 1899.

Thatsache ist, dass auch bei der Neuanlage in Tegel eine Einarbeitung hat stattfinden müssen und dass vorübergehend namentlich durch die unerwartet grossen Massen des zuströmenden Wassers der behördlich geforderte Reinheitsgrad nicht erreicht war. Diese sogenannten Kinderkrankheiten können wohl als überwunden angesehen werden und die jetzigen Leistungen müssen nach den vorgelegten Nachweisen befriedigen. Hierbei muss in gleicher Weise, wie bisher bei den Drainwässern der Rieselfelder, der verhältnissmässige Reichthum der abgelassenen Wässer an Stickstoff-haltiger Substanz mit in den Kauf genommen werden, der hier in Form von Ammoniaksalzen, die bisher durch keine Fällungsmethode bei künstlichen Klärverfahren vollständig beseitigt werden können, auftritt. Hier wie dort wird man für die vollständig einwandfreie Beseitigung der geklärten Wässer noch eine ausreichende Vorfluth beanspruchen müssen.

Der Vorgang hat wiederum den Beweis geliefert, wie gerechtfertigt es ist, dass die Aufsichtsbehörde neben der zeitweiligen medicinalamtlichen Controle die stetige fachwissenschaftliche Beaufsichtigung des Betriebes von Kläranlagen fordert. Dieselbe gestaltet sich im Interesse der Besitzer daneben zu einer rationellen Ausbildung des Betriebes. So ist u. a. klargestellt, dass die Art der verwendeten Braunkohle von Einfluss auf den Effect ist und dass eine längere Lagerung derselben ungünstig ist.

Das Bestreben nach besserer Finanzirung der Anlagen scheint insofern gelungen, als eine Verfeuerung der Schlammkuchen in Tegel und Potsdam ausgeführt und damit an diesen Kosten gespart wird. Immerhin wird der auf etwa 1,25 bis 1,50 Mk. pro Kopf der Bevölkerung zu veranschlagende Betrag für Abwässerreinigung manche Gemeinden abhalten, sich dieses Verfahrens zu bedienen.

Das Eichen'sche Verfahren[1]) ist, soweit bekannt, noch nicht in die Praxis, abgesehen von der Versuchsanlage in Pankow, eingeführt. Die Hoffnungen, dabei einen landwirthschaftlich werthvollen Schlamm zu erzeugen, scheinen sich nach den mir zugängigen Analysen nicht erfüllt zu haben.

Auch die von dem Consortium Tralls für die Ausbildung ihres Klärverfahrens verwendeten Summen haben zu einem praktischen Erfolge seither noch nicht geführt.

------

1) Brix. Supplement. 1898. S. 21.

Ein mit Kalk und Eisenchlorid arbeitendes Reinigungsverfahren ist seit Jahren in Neustadt i. O.-Schl. nach den Angaben und Entwürfen des Ingenieurs Mairich in Gotha in Betrieb und hat sich dort bewährt. Der gewonnene Schlamm wird von den Landwirthen mit 1,80—2,50 Mk. pro Cubikmeter bezahlt und gern abgenommen. Der Kalk wird in stark verdünnter Form den mechanisch vorgeklärten Abwässern zugesetzt. Bemerkenswerth an der Anlage ist, dass die Schwebestoffe durch Kraftluft zertrümmert werden und ein gleichmässig schmutziges Wasser vor der Einleitung in den Klärbrunnen erzeugt wird. Die gereinigten und desinficirten Wässer erfahren eine nochmalige Luftbehandlung in den Deichen, in welchen der überschüssige Kalk und Eisenschlamm sich absetzt.

Aehnliche Anlagen sind für Beuthen i. O.-Schl. und Grünberg i. Schl. geplant.

Die Riensch'schen Rechen sind zu weiterer Einführung bei städtischen Reinigungsanlagen nicht gelangt, dieselben sind jedoch nachgebildet für Handbetrieb in Allenstein. Die Anlage ist beschrieben von Kreisbauinspector Ehrhardt im Centralblatt der Bauverwaltung, 1899, No. 81. Die Rechenconstruction ist von Riensch noch wesentlich vereinfacht und compendiöser gestaltet und in dieser neuen Form in der Zuckerfabrik Stendal ausgeführt.

Als Muster für eine Torfmull-Kübelabfuhr ist die Einrichtung in Hannover-Münden zu erwähnen. Die Deutsche Landwirthschafts-Gesellschaft, welche der gedeihlichen Entwickelung ihr besonderes Interesse zugewandt hat, schliesst ihre Mittheilungen über diese Anlage (Stück 16 d. Mittheilungen der D. L. G., 1899) mit den Worten: „Es ist zu wünschen, dass die zahlreichen kleineren und mittleren Städte, welche an die Einrichtung einer Schwemmcanalisation nicht denken können, dem Beispiel von Hannov.-Münden folgen und durch die Einrichtung einer Torfmullkübelanlage ihre gesundheitlichen Verhältnisse verbessern. Wir richten deshalb an alle Mitglieder der D. L. G. die Bitte, den Städten durch Abnahme des beachtenswerthen Torf-Menge-Düngers zum eigenen Vortheil behilflich zu sein." Vom Standpunkte des Gesundheitsbeamten kann man nur wünschen, dass diese Bitte auf fruchtbaren Boden gefallen ist, denn die Vorausbedingung für die Einführung einer geregelten Abfuhr in solchen Städten bleibt immer die landwirthschaftliche Nachfrage, und allzugross ist das Entgegenkommen und die thatkräftige Mithülfe der landwirthschaftlichen Kreise im Allgemeinen seither nicht gewesen, so dass der Vorwurf: die Abfallstoffe werden nur unter dem Gesichtspunkte der hygienischen Beseitigung vielfach nutzlos vergeudet, nicht die Städte allein trifft.

Einen beachtenswerthen Ausgleich zwischen den städtischen und landwirthschaftlichen Interessen schafft die von der Stadtverwaltung in Posen geschaffene Anlage, durch welche die Wasserspülfäkalien in einer besonderen Rohrleitung aufgefangen und auf schnellstem Wege durch Rohrleitungen auf die Aecker der benachbarten Landwirthschaften gedrückt werden. Dort werden täglich 100—150 cbm Fäkalienjauche auf 2—4 ha ausgesprengt. Die Anlage ist seit 2 Jahren in ununterbrochenem Betrieb und hat dabei den praktischen Beweis erbracht, dass die Aufnahme der Fäkalienjauche zu jeder Jahreszeit möglich ist. Der Gutsbesitzer Richard Noebel-Eduardsfelde sagt in der von ihm publicirten Mittheilung[1] folgendes: „Der Boden bleibt bei dieser Düngungsart dauernd in gesundem culturfähigem Zustand. Ein jeder Boden vom sterilsten Lehm bis zum leichtesten Sand eignet sich für solche Anlage, die Bodenformation hat gar keinen Einfluss und Bodenbewegungen sind nicht auszuführen.“

Diese Neuerung ist eine bedeutungsvolle und kann für die Beseitigung der Fäcalien- und sonstigen Abwässer von weittragenden Folgen sein.

Auch auf dem mit der Landwirthschaft in engster Verbindung stehenden industriellen Gebiete spielt die Abwässerbeseitigungsfrage eine bedeutsame Rolle. Die Missstände, welche durch die Abwässer der Zuckerfabriken in unsern Gewässern bei der Unvollkommenheit der bisher angewandten Methoden erzeugt sind, reden eine laute Sprache. Es ist daher verständlich, dass die Ergebnisse, welche bei den Bestrebungen für die Reinigung der städtischen Abwässer gewonnen wurden, eine Uebertragung auf die Abwässer der Zuckerfabriken gefunden haben. So sehen wir das Humusverfahren in der Zuckerfabrik in Soest, das Riensch'sche in Stendal, das Schweder'sche in Marienwerder angewandt und an vielen Orten sind Versuchsanlagen nach dem Proskowetz'schen System entstanden, nachdem die betheiligten Kreise durch den Erlass der Herren Minister für Medi-

---

1) Die Ansprüche der Landwirthschaft an der Beseitigung der städtischen Abfallstoffe. Druck von Marx, Posen.

cinal-Angelegenheiten und für Handel und Gewerbe vom 16. September 1898 auf die Erfolge dieses Verfahrens hingewiesen waren. Hierdurch ist der Anstoss zu einer Verbindung der staatlichen Commission zur Beaufsichtigung der Abwässer-Reinigungsanlagen und dem Directorium des Vereins der deutschen Zuckerindustrie gegeben worden und ein gemeinsames Vorgehen zur planmässigen Untersuchung der Verfahren zur Reinigung der Zuckerfabrikabwässer erreicht worden. Dieselben sind nach einem bestimmten Arbeitsplan eingeleitet und werden zunächst sich auf das Proskowetz'sche Verfahren, das Humusverfahren, das Verfahren nach Riensch, Elsasser und Schweder erstrecken. Für jeden der in Betracht kommenden Fabrikbetriebe ist ein specieller Untersuchungsplan nach Maassgabe der Vorprüfungen durch die Sachverständigen ausgearbeitet, wobei nicht nur die wissenschaftliche, sondern auch die technische und wirthschaftliche Seite in gegenseitigem Vergleich berücksichtigt ist. Die Leitung liegt in der Hand eines geschäftsführenden Ausschusses, bestehend aus je einem Commissar und Sachverständigen des Staates und des Vereins.

Diese zeitgemässe Vereinigung der staatlichen und privaten Bestrebungen und Interessen, das geschaffene Zusammenwirken von Wissenschaft, Technik und Praxis verspricht eine erfolgreiche Arbeit und lässt vor unsern Augen ein Zukunftsbild erscheinen, wie die grossen volkswirthschaftlichen Fragen, die auf dem Gebiete der Wasserversorgung und Abwässerbeseitigung noch offen sind, zweckmässig gelöst werden können. Die directe Betheiligung der staatlichen Aufsichtsinstazen an den vorliegenden dringenden Aufgaben durch zuverlässige Sachverständige hat der vielfach bestehenden Unsicherheit ein Ende gemacht und Anregung und Rückhalt zu zielbewusster redlicher Anstrengung und Arbeit geboten und mit verhälnissmässig geringen Opfern staatlicherseits erreicht, dass verhältnitsmässig grosse Mittel von den interessirten Communen und Industriellen in den Dienst der Sache gestellt sind.

Bei dieser Gestaltung werden Rechte und Pflichten, Aufwendung und Gewinn, Rath und That nach Verhältniss der Interessen vertheilt; dieselbe kann daher als eine gesunde angesehen werden, die den staatlichen und privaten Zwecken gleich förderlich ist und daher alle Betheiligten befriedigt. Man hat deshalb allen Grund, die Entwicklung zu sichern und zu einer stetigen zu gestalten, um die viel versprechenden Blüthen zur schönen Frucht ausreifen zu lassen. Dies kann erreicht werden durch die Schaffung eines staatlichen Instituts, einer mit allen erforderlichen Mitteln ausgerüsteten Untersuchung- und Prüfungsanstalt für die Zwecke der Wasserversorgung und Abwässerbeseitigung, an welche sich die Bestrebungen der privaten Kreise anlehnen, und durch welche die Ergebnisse der Forschung, Beobachtung und Erfahrung gesammelt, nachgeprüft und alsdann der Allgemeinheit nutzbar gemacht werden. Solche Anstaltsgründung entspricht, wie die Vorgänge beweisen, einem erheblichen und practischen Bedürfnisse und liegt im allgemeinen Interesse. Man darf sich wohl der Hoffnung hingeben, dass auch an den entscheidenden Stellen die viel versprechenden volkswirthschaftlichen und hygienischen Ziele und der in diesen Richtungen zu erwartende Nutzen gewürdigt und dass die erforderlichen Mittel bereit gestellt werden.